风景园林
LIM 数字化设计
实践与探索

秦　操◎主编

Practice and Exploration of
Landscape Architecture
LIM Digital Design

U0370380

华中科技大学出版社
http://press.hust.edu.cn
中国·武汉

内 容 简 介

本书介绍了风景园林信息模型软件在风景园林行业中的应用,为读者深入了解并跟上行业发展趋势提供了重要参考,通过详细的操作步骤介绍,使读者能够逐步熟悉软件界面、掌握基础操作、理解高级功能并在实际案例中灵活运用所学知识。

图书在版编目(CIP)数据

风景园林 LIM 数字化设计实践与探索 / 秦操主编. -- 武汉:华中科技大学出版社,2024. 12.
ISBN 978-7-5772-1408-5

Ⅰ. TU986.2-39

中国国家版本馆 CIP 数据核字第 20246GY450 号

风景园林 LIM 数字化设计实践与探索

秦操　主编

Fengjing Yuanlin LIM Shuzihua Sheji Shijian yu Tansuo

策划编辑:易彩萍
责任编辑:易彩萍
封面设计:张　靖
责任校对:张会军
责任监印:朱　玢
出版发行:华中科技大学出版社(中国•武汉)　　电话:(027)81321913
　　　　　武汉市东湖新技术开发区华工科技园　　邮编:430223
录　　排:华中科技大学惠友文印中心
印　　刷:湖北金港彩印有限公司
开　　本:787mm×1092mm　1/16
印　　张:14
字　　数:282 千字
版　　次:2024 年 12 月第 1 版第 1 次印刷
定　　价:88.00 元

编　委　会

序

在 21 世纪的科技浪潮中,风景园林领域正经历着前所未有的变革,而这场变革的核心动力无疑来自人工智能与数字技术的飞速发展。随着大数据、云计算、虚拟现实等技术的不断成熟,风景园林的设计、建造与管理模式正在被重新定义。《风景园林 LIM 数字化设计实践与探索》一书正是在这样的背景下应运而生,该书不仅是对当前数字技术在风景园林领域应用成果的全面展示,更是对其未来发展趋势的深刻洞察和前瞻思考。

回顾历史,我们可以清晰地看到数字技术如何一步步改变着风景园林的面貌。从最初的计算机辅助设计(CAD)技术,到后来的地理信息系统(GIS)应用,再到如今的人工智能(AI)与虚拟现实(VR)技术的深度融合,每一次技术的革新都为风景园林行业带来了革命性的变化。数字技术不仅极大地提高了设计效率,更拓展了设计的边界。在《中国园林》2024 年 9 月刊的刊首语中,我曾就该期的主题"人工智能与风景园林"提出人工智能不只是工具的观点,探讨过人工智能对风景园林设计的影响,指出AI 通过持续的数据分析和深度学习,已经具备了自动生成设计方案及渲染效果图的能力,甚至能够模仿任意一位设计师的设计语言。这种能力无疑为设计师提供了更多的创作灵感和可能性,但同时也带来了对设计师角色的重新审视和思考。

《风景园林 LIM 数字化设计实践与探索》一书正是基于这样的理念和背景,汇集了众多专家学者和实践者的智慧与经验,通过丰富的案例和深入的分析,全面展示了数字技术在风景园林领域的广泛应用和巨大潜力。书中不仅涵盖了从城市公园、居住区景观到风景名胜区、生态修复项目等多个类型的案例,还涉及了数据采集、模型构建、算法优化、智能决策等多个层面的技术细节。这些案例不仅展示了数字技术在提升设计效率、优化设计方案、增强景观体验等方面的独特优势,更揭示了数字技术如何与风景园林的核心价值观相融合,创造出既符合自然规律又充满人文关怀的园林作品。在书中,我们可以看到设计师们如何运用无人机航拍、3D 打印、虚拟现实等技术手段,精准捕捉场地信息,快速生成设计方案,并通过模拟仿真和智能优化,不断提升景观的品质和效果。同时,我们也可以看到设计师如何在数字技术的辅助下,更加注重生态优先、以人为本的原则,努力创造出既美观又实用的园林空间。未来,随着数字技术的不断发展和普及,风景园林行业将迎来更加广阔的发展空间和无限的可能性。然而,我们也应清醒地认识到,技术虽好,但风景园林的核心始终在于对自然的尊重与人文的关怀。在享受数字技术带来便利与高效的同时,我们更应坚守风景园林的基本价值观,注重生态平衡、文化传承和社会责任。因此,在数字化设计实践中,我们需要不断探索技术与艺术的融合之道,让技术成为表达设计理念、提升景观品质的有力工具,而不是简单地替代或削弱设计师的创造力和想象力。同时,我们也需要加强跨学科的合作与交流，促进数字技术与生态学、景观学、建筑学等相关学科的深度融合，共同推动风景园林行业的持续进步和发展。

我相信，在未来的日子里，随着数字技术的不断革新和应用场景的不断拓展，风景园林行业将呈现出更加多元化、智能化和可持续化的发展态势。《风景园林 LIM 数字化设计实践与探索》一书的出版，无疑为这一进程注入了新的动力和活力，期待它能引领我们共同探索风景园林的未来。

北京林业大学园林学院教授

《中国园林》主编

2024 年 11 月

前　言

风景园林不仅是城市美化的点睛之笔和生态环境的绿色瑰宝,更是衡量一个城市乃至整个国家生态文明建设成就、居民生活品质及可持续发展潜力的重要标志之一。随着科技的飞速发展,信息化、数字化浪潮席卷着各个行业,为传统行业带来了前所未有的变革。为了适应这一时代的变革,我们需要寻求一种全新的工具和方法,来推动行业的创新发展。风景园林信息模型(landscape information modeling,LIM)正是这样一种应运而生的技术手段,其凭借自身独特的优势和潜力逐渐成为行业发展的重要引擎。

LIM 作为信息化时代风景园林行业的重要产物,借鉴了建筑信息模型(building information modeling,BIM)的核心理念,通过数字化手段对风景园林项目进行全面、精准的信息表达和管理。LIM 技术不仅打破了传统设计、建造和运营方式的局限,更以其强大的信息整合能力,为项目的全生命周期管理提供了有力支持。

为了更好地满足景观设计师、在校学生及相关领域从业人员的实际需求,我们特地编写了这本工具书,旨在提供全面、实用的软件操作指南。本书的核心目标是帮助读者掌握 LIM 软件的操作技巧、提升工作效率、实现设计理念及解决实际工作中的技术难题。通过系统的介绍和详细的操作步骤指导,我们将引导读者逐步熟悉软件界面、掌握基础操作、理解高级功能及在实际案例中灵活运用所学知识。

本书运用了多款主流的软件工具,包括但不限于 Revit、Civil 3D、Rhino 以及倾斜摄影软件等,它们各自在景观设计中有着广泛的应用。Revit 作为一款强大的信息模型软件,支持二维绘图、三维建模以及参数化设计,助力设计师更精确地表达设计理念。Civil 3D 则涵盖了地形处理、道路与路径设计、水体与景观设计、植物种植设计、三维可视化与优化设计,以及工程量计算与出图等多个方面。Rhino 以其强大的建模和渲染能力,适用于复杂的景观设计和概念建模。而倾斜摄影软件则通过无人机或航空摄影获取高分辨率影像,快速生成高精度的三维模型,为设计师提供真实的场景参考。

对于景观设计师、在校学生或相关领域的从业人员,本书不仅是一部操作手册,更是启迪创意、增进技能的宝贵资源。它可以辅助学生快速掌握必备技能,为职业生涯奠定扎实基础,同时促进不同角色间的有效沟通与协作。在本书的编写过程中,笔者力图保证内容的完整性、语言的明了及图文的并重,强调实用性和易操作性,确保读者能轻松掌握软件操作技巧。展望未来,随着技术的持续演进和应用领域的不断扩展,LIM 将在风景园林行业扮演越发重要的角色,推动行业向更智能、更精细的方向发展,为城市的可持续发展和生态改善做出更大贡献。

目　录

第 1 章　概　　述

1.1　LIM 的由来

随着数字技术的不断发展和进步,21 世纪的人居环境规划设计与建设围绕着科学化、精细化的主题趋势发展。在此背景下,与风景园林行业相关的建筑学、城乡规划学等领域,通过运用参数化生成技术、算法模拟设计、BIM 技术平台、城市信息模型(city information modeling,CIM)等数字技术,有效解决了一些在复杂环境下出现的问题。在此过程中,风景园林也在探索 LIM,并在其领域内得到实践应用。特别是近年来,随着生态文明建设和智慧城市理念的推广,LIM 平台在城市绿化、园林景观、公园规划等领域展现出广阔的应用前景。数字技术正在逐步改变风景园林领域的传统方式和思维方式,为园林设计、建设和管理带来了更多的可能性和机遇。

LIM 的核心技术思想是实现行业实践的信息化。这一思想的源头可追溯至二战后,科学理性思维和计算机技术的空前发展为设计领域带来了新的思潮。20 世纪 50年代,设计界出现了以计算机语言和程序逻辑替代设计流程的理论和实践。此后,规划设计理论自身的发展,无论是对这方向的批判还是弘扬,都与科学技术的主题紧密相伴。到 20 世纪 60—80 年代,麦克哈格将科学分析的思想和景观要素信息分析与综合方法引入风景园林实践,至今仍深刻影响着行业实践。同一时期,斯坦尼兹提出动态的景观变化模型,将风景园林模型发展为一种动态分析的规划工具,这一规划模型叠加基于网络的公众参与属性后,发展为如今"地理设计"的框架。20 世纪 80 年代初,风景园林实践进入数字化时代,在此过程中,地理信息系统(geographic information system,GIS)和计算机辅助设计(computer aided design,CAD)系统的发展掀起实践工具的革新发展,进而推动了技术思想的进步。旦哲蒙继承麦克哈格的技术思想,开发了 GIS,为风景园林实践提供了与时空数据交互的工具体系。基于 GIS 的数据处理、三维模型互动和信息的可视化,改变了风景园林规划的决策过程。Willy Schmid 等人基于此项技术,开发了利用三维数字模型在基础设施规划、城市开发以及环境变化监测等方面进行可视化的应用。Eckart Lange 利用数字景观模型模拟人类活动对大地景观的影响，将其应用于环境影响评价、城市绿地系统规划、乡村景观开发、大尺度景观规划与设计，以及参与式的决策制定等诸多领域。这些发展反映了规划决策越发注重对规划对象的数据分析和基于信息的决策方式。

1.2　LIM 的概念

LIM 利用数字化模型对风景园林工程项目的设计、建造和运营进行管理和优化。LIM 技术是一种多维模型信息集成技术，它涵盖了三维空间、四维时间、五维成本等多个维度，使建设项目的参与方（政府主管部门、业主、设计师、施工方、监理、造价方、运营管理人员等）在项目整个生命周期内，通过模型操作信息，并在信息中操作模型。这种技术从根本上改变了从业人员依靠符号文字形式图纸进行项目建设和运营管理的工作方式，提升了项目全生命周期内的工作效率、质量，并减少了错误和风险。

LIM 技术的含义主要总结为以下几点。

① LIM 技术的面向对象是风景园林及环境绿化相关专业，运用对象主要有地形场地、装饰铺装、单体构筑物、景观小品、植物配置、风环境、光环境等。

② LIM 技术的载体是数字三维模型，根据景观条件，通过三维数字化软件创建出相应的三维模型，基于该三维模型对项目进行各种功能性应用及展示。三维数字模型是整个项目应用的基础及数据纽带，通过三维模型向项目管理人员提供项目数据信息，同时将项目实施过程中的实时数据信息及时存储在三维模型中。

③ LIM 技术发挥作用的范畴包括规划设计、建造和运营，即项目的生命周期。因 LIM 技术数据纽带的连续性，其信息管理方式可应用于项目的各个阶段，从策划前期到设计阶段，再到施工建造阶段，最后延续到运维管理终端，整个过程不仅是模型的延续，更是数据信息的传递。

④ LIM 技术的作用重点在于依托数据和信息进行管理和优化，其内涵不仅是一种构建数字模型的技术，而且是应用技术的方法体系和实施方法体系的过程。

1.3　LIM 的优势

1. 设计思维：从经验主义到科学主义

传统景观营造依赖设计师的经验和感性认知，通常需要在现场实地勘查和进行手绘或模型设计,设计过程中的很多决策都是基于主观的判断和经验,容易出现误差和偏差。此外,在传统的景观营造过程中,往往难以对植物的生长状况和生态效益进行准确评估和预测。而数字景观营造则依赖于计算机技术和相关软件平台,设计师可以通过 LIM 技术进行精确的数据采集和分析,利用数据库中的植物信息和模拟算法进行植物景观设计。数字化的设计过程具有高度的可视化和交互性,可以直观地展示设计效果,而且可以对植物的生长状态和生态效益进行实时监测调整。总的来说,数字植物景观营造更加科学、精准和高效,可以帮助设计师更好地预测植物生长情况、评估生态效益和精细化管理植物景观。

2. 设计流程:从单向线性模式到协同、可逆性的全生命周期模式

传统的植物选择和配置方法主要基于设计师的经验和专业知识,科学依据和数据支持稍有欠缺,呈现单向线性模式,现场勘查、设计方案编制、植物配置确定、施工实施各个项目环节之间缺乏协同和可逆性。信息采集不充分、信息丢失、信息交互传递困难、项目修整过程对于信息回馈难以做到高效的实时优化等问题都是传统植物设计流程所面临的困境。而数字植物景观营造的设计流程更加注重协同和全生命周期管理。LIM 平台可以通过建立植物信息库、植物生态模型和模拟植物景观等功能,提供更加精确和可靠的植物配置和设计方案。

3. 技术工具:从表达系统到信息集成模型

风景园林设计表现方式的发展历经四个阶段:语言文字阶段、手工绘图阶段、沙盘模型阶段、计算机辅助设计阶段。传统景观营造的表达系统主要包括手绘、AutoCAD等。数字景观营造采用信息集成模型,实现设计方案的全生命周期管理。信息集成模型涵盖了场地环境数据、植物生长数据、设计方案和工程施工数据等各个方面的数据,可以进行全方位的监控和管理,以提高工程效率和管理水平。

4. 决策支持:从主观判断到数据驱动

在 LIM 技术的支持下,景观设计的决策过程不再仅仅依赖于设计师的主观判断和经验,而是更多地依赖于数据分析和模拟结果。通过 LIM 平台,设计师可以获取大量的场地环境数据、植物生长数据及历史项目数据,利用这些数据进行分析和模拟,从而制订出更加科学、合理的决策方案。这种数据驱动的决策方式可以大大降低设计风险,提高项目的成功率。

5. 可持续性提升:从环境破坏到生态恢复

LIM 技术注重生态环境的保护和恢复,通过模拟和分析不同设计方案对生态环境的影响,设计师可以选择出对生态环境影响最小、生态效益最大的设计方案。同时,LIM 技术还可以对植物的生长情况进行实时监测和调整,确保植物的健康生长和生态功能的发挥。这种注重生态保护和恢复的景观营造方式有利于提升项目的可持续性。

6. 公众参与与互动：从单向设计到多方参与

LIM 技术为公众参与景观营造提供了便利。通过 LIM 平台，公众可以了解设计方案的详细情况，包括场地环境、植物配置、景观效果等，并提出自己的意见和建议。设计师可以根据公众的反馈进行设计的调整和优化，使得设计方案更加符合公众的需求和期望。这种多方参与的景观营造方式有利于增强项目的社会认可度和支持度。

7. 智能化管理：从人工管理到智能监控

LIM 技术为景观营造的后期管理提供了智能化手段。通过 LIM 平台，管理人员可以实时监测景观的运行状态，包括植物的生长情况、灌溉系统的运行状况等，并根据监测结果进行及时的调整和优化。同时，LIM 平台还可以对景观的运行数据进行统计分析，为管理人员提供决策支持。这种智能化管理方式可以提高管理效率和质量，降低管理成本。

1.4　LIM 的常用术语

① LIM。

LIM 前期的定义为"landscape information model"，之后将 LIM 中的"model"替换为"modeling"，即"landscape information modeling"，前者指的是静态的"模型"，后者指的是动态的"过程"，可以直译为"景观园林信息建模"、"景观园林信息模型方法"或"景观园林信息模型过程"，但目前国内业界仍然约定俗成称之为"景观园林信息模型"。

② Clash rendition。

Clash rendition 即碰撞再现。其专门用于空间协调的过程，以实现不同学科建立的 LIM 模型之间的碰撞规避或者碰撞检查。

③ CDE(common data environment)。

CDE 即公共数据环境。这是一个中心信息库，所有项目相关者都可以访问，而且可以随时对 CDE 中的所有数据进行访问，但数据所有权仍旧由创始者持有。

④ COBie(construction operations building information exchange)。

COBie 即施工运营建筑信息交换，是一种以电子表单呈现的用于交付的数据形式，包含建筑模型中的一部分信息(除了图形数据)。

⑤ Data Exchange Specification。

Data Exchange Specification 即数据交换规范，是一种用于不同 BIM 应用软件之间进行数据文件交换的电子文件格式的规范,以提高不同软件间的可操作性。

⑥ IFC(industry foundation class)。

IFC 是一个包含各种建设项目设计、施工、运营各个阶段所需要的全部信息的一种基于对象的、公开的标准文件交换格式。

⑦ IDM(information delivery manual)。

IDM 是对某个指定项目以及项目阶段、某个特定项目成员、某个特定业务流程所需要交换的信息以及由该流程产生的信息的定义。每个项目成员通过信息交换得到完成他的工作所需要的信息,同时把他在工作中收集或更新的信息通过信息交换传递给其他项目成员使用。

⑧ Information Manager。

Information Manager 即为雇主提供一个"信息管理者"的角色,本质上就是一个负责 BIM 程序下资产交付的项目管理者。

⑨ Levels、Level0、Level1、Level2、Level3。

Levels:表示 BIM 等级从不同阶段到完全合作被认可的里程碑阶段的过程,是 BIM 成熟度的划分方式。这个过程被分为 0～3 共 4 个阶段,目前对于每个阶段的定义还有争论,最广为认可的定义如下。

Level0:没有合作,只有二维的 CAD 图纸,通过纸张和电子文本输出结果。

Level1:含有一点三维 CAD 的概念设计工作,法定批准文件和生产信息都由 2D 图输出。不同学科之间没有合作,每个参与者只拥有自己的数据。

Level2:合作性工作,所有参与方都使用他们自己的三维 CAD 模型,通过普通文件格式对设计信息进行共享。各个组织都能将共享数据和自己的数据结合,从而发现设计中存在的矛盾,因此各方使用的 CAD 软件必须能够以普通文件格式输出。

Level3:所有学科整合性合作,使用一个在 CDE 环境中的共享性的项目模型。各参与方都可以访问和修改同一个模型,解决了最后一层信息冲突的风险,这就是所谓的"open BIM"。

⑩ LOD(level of detail)。

LOD 为 BIM 模型的发展程度或细致程度,描述了一个 BIM 模型构件单元从最低级的近似概念化的程度发展到最高级的演示级精度的步骤。LOD 的定义主要运用于确定模型阶段输出结果及分配建模任务这两方面。

⑪ LoI(level of information)。

LoI 定义了每个阶段需要细节的多少,比如是空间信息、性能,还是标准、工况、证明等。

1.5 LIM 发展历史及应用现状

1.5.1 国外发展历史

  LIM 应用政策随着 BIM 政策的发展而产生。近 5 年来,英国、美国、新加坡、俄罗斯和韩国等多个国家相继颁布了推广 BIM 应用的政策,在法律法规、技术标准、经济补贴和人员培训等方面实施了一系列举措,推进基于 BIM 的建筑建造行业信息化发展。挪威、丹麦、瑞典、芬兰和德国等欧洲国家是主要的建筑业信息技术软件厂商所在地,日本也有先进的软件产业,这些国家出于行业的自觉应用,逐渐形成了 BIM 的开放标准并进行了数据资源积累。其中,英国针对风景园林行业 BIM 应用,提出了专门的政策、标准、规范;新加坡出台 BIM 应用导则,将风景园林要素归入"场地模型"并进行了模型构建标准的定义。以建筑智慧国际联盟(buildingSMART international, bSI)为代表的国际组织开始针对风景园林 BIM 数据标准展开研究。2018 年 11 月, bSI 发布行动提案,开始研发场地、景观和城市规划的 IFC 标准,即"场地、景观、城市规划的设计、采购与运营基础数据建模、工作流和数据交换开放标准"。行动提案原计划于 2020 年完成标准开发并公开发布,但是由于缺少资金和风景园林专业人员的参与,目前计划已经延期。英国、挪威、美国等国家的行业协会,以及 bSI 中的德国和芬兰等国家的机构也在开发各自的场地或景观设计工作流和相关标准。英国风景园林学会基于"风景园林 BIM"(BIM for landskapsarkitektur)IFC 数据框架开发了"风景园林信息模型"数据标准。然而该标准尚未获得 bSI 的全面认可,仍需要更广泛的应用验证。挪威基于 ISO19100 标准开发了 SOSI5.0(Systematic Organization of Spatial Information)标准,其中专门定制了风景园林要素产品数据模板。美国风景园林学会成立专门委员会推动将 BIM 整合进风景园林的工作,目前主要的讨论聚焦在 GIS 和 BIM 的综合方面,涉及 IFC 标准的应用等问题,但是仍然缺乏针对风景园林设计工作流的具体解决方案。bSI 德国分支近年来逐渐改变其保守的技术思路,开始拥抱更为开放的 BIM 数据标准,并设立了"风景园林 BIM"专业工作组,目前主要讨论的是在法律法规、标准规范和德国标准方面与风景园林专业的对接问题,并提出了场地信息模型(site information modeling,SIM)的概念。bSI 芬兰分支从 2016 年开始着手研究风景园林 BIM(landscape BIM),相关研究结果发展为该国普遍实施的公共基础设施模型构建要求,以及基于 LandXML v1.2 的基础设施模型定义,其中包括术语、植被分类、场地条件等风景园林相关内容。

从相关数据标准的研究进展看,目前风景园林 BIM(或 LIM)的国际标准仍处于空白状态。相关国家初步制定了风景园林 BIM 的数据标准,大规模的应用和实践验证仍然不足。虽然 LIM 的底层数据标准仍未完善,但是在风景园林实践的各个环节中应用 BIM 模型的数量明显增加。

1.5.2　国内发展历史

中国尚未出台专门的 LIM 应用政策,但是已经持续近 20 年在建筑建造行业信息化发展方向上颁布国家与地方政策,推动以 BIM 为核心技术路径的行业信息化发展。近期,相关政策落实了全过程工程咨询服务和信息化监管审查的方式,强调了以 BIM/CIM 为依托开展基于新一代信息技术的城市治理,这些政策为 LIM 的应用奠定了行业实践的总体环境。

1.6　LIM 的特点

1.6.1　可视化

1. 设计可视化

设计可视化即在设计阶段,场地及景观以三维方式直观呈现出来。设计师能够运用三维思考方式有效地完成景观设计,同时也使业主(或最终用户)真正摆脱技术壁垒限制,随时可直接获取项目信息,大大减少了业主与设计师间的交流障碍。LIM 工具具有多种可视化的模式,一般包括隐藏线、带边框着色和真实的模型三种模式。此外,LIM 还具有漫游功能,通过创建相机路径并创建动画或一系列图像,可向客户进行模型展示。

2. 施工组织可视化

施工组织可视化即利用 LIM 工具创建建筑设备模型、周转材料模型、临时设施模型等,以模拟施工过程,确定施工方案,进行施工组织。通过创建各种模型,可以在电脑中进行虚拟施工,使施工组织可视化。

3. 构造节点可视化

构造节点可视化即利用 LIM 的可视化特性可以将复杂的构造节点全方位呈现,

如复杂的坐凳节点、幕墙节点等。

4. 机电管线碰撞检查可视化

机电管线碰撞检查可视化即通过将各专业模型组装为一个整体 LIM 模型,从而使机电管线与建筑物的碰撞点以三维方式直观显示出来。在传统的施工方法中,对管线碰撞检查的方式主要有两种:一是把不同专业的 CAD 图纸叠在一张图上进行观察,根据施工经验和空间想象力找出碰撞点并加以修改;二是在施工的过程中边施工边修改。这两种方法均费时费力,效率很低。但在 LIM 模型中,可以提前在真实的三维空间中找出碰撞点,并由各专业人员在模型中调整好碰撞点或不合理处后再导出CAD 图纸。

1.6.2 参数化

参数化建模指的是通过参数(变量)而不是数字建立和分析模型,简单地改变模型中的参数值就能建立和分析新的模型。

LIM 的参数化设计分为两个部分:"参数化图元"和"参数化修改引擎"。"参数化图元"指的是 LIM 中的图元是以构件的形式出现,这些构件之间的不同是通过参数的调整反映出来的,参数保存了图元作为数字化建筑构件的所有信息;"参数化修改引擎"指的是参数更改技术使用户对建筑设计或文档部分作出的任何改动,都可以自动在其他相关联的部分反映出来。在参数化设计系统中,设计人员根据工程关系和几何关系来指定设计要求。参数化设计的本质是在可变参数的作用下,系统能够自动维护所有的不变参数。因此,参数化模型中建立的各种约束关系,正是体现了设计人员的设计意图。参数化设计可以大大提高模型的生成和修改速度。

1.6.3 协调性

"协调"一直是建筑业工作中的重点内容,不管是施工单位,还是业主及设计单位,无不在做着协调及相互配合的工作。基于 LIM 进行工程管理,有助于工程各参与方进行组织协调工作。通过 LIM 建筑信息模型,可在建筑物建造前期对各专业的碰撞问题进行协调,生成并提供协调数据。

1. 设计协调

设计协调指的是通过 LIM 三维可视化控件及程序自动检测,可对机电管线和设备进行直观布置,模拟安装,检查是否碰撞,找出问题所在及冲突矛盾之处,还可调整景观竖向坐标、构筑物尺寸等,从而有效解决传统方法容易造成的设计缺陷,提升设计质量,减少后期修改,降低成本及风险。

2. 整体进度规划协调

整体进度规划协调指的是基于 LIM 技术，对施工进度进行模拟，同时根据最前线的经验和知识进行调整，极大地缩短施工前期的技术准备时间，并帮助各类、各级人员对设计意图和施工方案获得更高层次的理解。以前施工进度通常是由技术人员或管理层敲定的，容易出现下级人员信息断层的情况。如今，LIM 技术的应用使得施工方案更高效、更完美。

3. 成本预算、工程量估算协调

成本预算、工程量估算协调指的是应用 LIM 技术可以为造价工程师提供各设计阶段准确的工程量、设计参数和工程参数，这些工程量和参数与技术经济指标结合，可以计算出准确的估算、概算结果，再运用价值工程和限额设计等手段对设计成果进行优化。同时，基于 LIM 技术生成的工程量不是简单的长度和面积的统计，专业的 LIM 造价软件可以进行精确的 3D 布尔运算和实体减扣，从而获得更符合实际的工程量数据，并且可以自动形成电子文档进行交换、共享、远程传递和永久存档。准确率和速度上都较传统统计方法有很大的提高，有效降低了造价工程师的工作强度，提高了工作效率。

1.6.4　仿真性

1. 性能分析仿真

性能分析仿真即基于 LIM 技术，建筑师在设计过程中赋予所创建的虚拟景观模型大量信息（几何信息、材料性能、构件属性等），然后将 LIM 模型导入相关性能分析软件，就可得到相应分析结果。这一性能使得原本 CAD 时代需要专业人士花费大量时间输入大量专业数据的过程变得可自动轻松完成，从而大大缩短了工作周期，提高了设计质量，优化了对业主的服务。性能分析主要包括能耗分析、光照分析、设备分析、绿色分析等。

2. 施工仿真

施工方案模拟优化指的是通过 LIM 可对项目重点及难点部分进行可建性模拟，按月、日、时进行施工安装方案的分析优化，验证复杂体系（如施工模板、玻璃装配、锚固等）的可建造性，从而提高施工计划的可行性。对项目管理方而言，可直观了解整个施工安装环节的时间节点、安装工序及疑难点。而施工方也可进一步对原有安装方案进行优化和改善，以提高施工效率和施工方案安全性。

3. 运维仿真

设备的运行监控即采用 LIM 技术实现对景观设备的搜索、定位、信息查询等功能。在运行维护 LIM 模型中,在设备信息集成的前提下,运用计算机对 LIM 模型中的设备进行操作,可以快速查询设备的所有信息,如生产厂商、使用寿命期限、联系方式、运行维护情况以及设备所在位置等。通过对设备运行周期的预警管理,可以有效地防止事故的发生,利用终端设备和二维码、射频识别技术,迅速对发生故障的设备进行检修。

能源运行管理即通过 LIM 模型对能源使用情况进行监控与管理,赋予每个能源使用记录表以传感功能,在管理系统中及时做好信息的收集处理,通过能源管理系统对能源消耗情况自动进行统计分析,并且可以对异常使用情况进行警告。

1.6.5 一体化

一体化指的是基于 LIM 技术,可进行从设计到施工再到运营贯穿了工程项目全生命周期的一体化管理。LIM 的技术核心是一个由计算机三维模型所形成的数据库,不仅包含了景观设计师的设计信息,而且可以容纳从设计到建成使用,甚至是使用周期终结的全过程信息。LIM 可以持续提供项目设计范围、进度及成本信息,这些信息完整可靠并且完全协调。LIM 能在综合数字环境中保持信息不断更新并可随时访问,使设计师、工程师、施工人员及业主可以清楚全面地了解项目。这些信息在景观设计、施工和管理的过程中能使项目质量提高,收益增加。LIM 的应用不局限于设计阶段,而是贯穿整个项目全生命周期的各个阶段。LIM 在整个建筑行业从上游到下游的各个企业间不断完善,从而实现项目全生命周期的信息化管理,最大化地实现 LIM 的意义。

在设计阶段,LIM 使景观、建筑、结构、给排水、空调、电气等各个专业基于同一个模型进行工作,从而使真正意义上的三维集成协同设计成为可能。将整个设计整合到一个共享的景观信息模型中,景观与设备、设备与设备间的冲突会直观地显现出来,工程师可在三维模型中随意查看,能准确查看到可能存在问题的地方并及时调整,从而极大避免了施工中的浪费。在施工阶段,LIM 可以同步提供有关景观质量、进度及成本的信息。利用 LIM 可以实现整个施工周期的可视化模拟与可视化管理,帮助施工人员促进建筑的量化发展,迅速为业主制订展示场地使用情况或更新调整情况的规划,提高文档质量,改善施工规划。

1.6.6 优化性

整个设计、施工、运营的过程其实就是一个不断优化的过程,没有准确的信息是做不出合理优化结果的。LIM 模型提供了景观园林存在的实际信息,包括几何信息、物理信息、规则信息,还提供了景观变化以后的实际存在。LIM 及与其配套的各种优化工具提供了对复杂项目进行优化的可能:把项目设计和投资回报分析结合起来,计算出设计变化对投资回报的影响,使得业主知道哪种项目设计方案更有利于满足自身的需求,对设计施工方案进行优化,可以带来显著的工期和造价改进。

第 2 章 风景园林设计体系与信息模型软件的选择

2.1 风景园林设计体系

风景园林设计体系是一套综合性的理论框架和实践方法,涵盖了从设计理念、规划流程到具体设计要素、技术应用等多个层面,旨在通过科学、艺术与技术的融合,创造兼具生态、美学、文化和社会价值的室外空间。其主要内容和框架可以概括为以下几点。

1. 设计理念与理论基础

生态设计理念:强调人与自然的和谐共生,注重保护和利用自然资源,尊重生物多样性,创建可持续发展的景观环境。

文化历史传承:结合当地历史文化,保留和弘扬地域特色,通过景观设计传达文化内涵和历史记忆。

美学原则:运用艺术与美学理论,创造富有美感和视觉吸引力的景观空间。

2. 规划设计过程

场地分析与评估:对场地的地理、气候、土壤、植被、水文、生态、人文等进行详细调查和分析。

概念设计与方案构思:根据场地分析结果,结合项目需求和功能定位,提出多个初步设计概念和方案。

方案深化与优化:通过不断的迭代和完善,确定最终设计方案,包括空间布局、景观分区、植物配置、设施布局等。

施工图设计与技术说明:绘制详细施工图纸,明确施工要求和技术参数。

3. 设计要素与专项设计

植物设计:根据植物生态习性、景观功能和美学需求,进行植物配置设计。

地形设计:根据场地自然地形和设计需求,进行地形塑造和微地形设计。

水景设计:包括静态水景(如池塘、湖泊)、动态水景(如瀑布、喷泉)和生态水处理系统的规划与设计。

硬质景观设计:包括园路、广场、铺装、坐凳、照明、标识、雕塑等设施的设计。

建筑小品设计:如亭廊、观景台、管理用房等。

4. 技术支持与应用

LIM 技术:在风景园林设计中,通过信息模型进行三维建模,实现可视化、协同化设计,提高设计精度和施工效率。

GIS 应用:用于空间数据分析、地理信息管理,辅助规划设计和资源评估。

数字化技术:如无人机航拍、遥感测绘、虚拟现实等,用于场地分析、景观模拟和效果展示。

5. 施工与后期管理

施工指导:根据设计图纸和技术说明,指导施工团队进行现场施工,确保设计意图得以贯彻。

后期维护管理:制订景观维护和更新计划,确保景观的长期效果和生态系统的健康运行。

法规与政策相符:风景园林设计应遵循国家和地方的法律法规、标准规范和相关政策要求,确保设计合法、合规。

通过上述各方面工作的有机结合,构成完整的风景园林设计体系。风景园林设计体系是一个涵盖理念、规划、设计、技术、实施与管理的完整链条,旨在通过科学合理的规划、创新的设计手法、先进的技术应用,创造出既有生态效益又富含人文精神、既能满足当代需求又能适应未来变化的高品质户外空间。

2.2　信息模型软件的选择

在风景园林设计过程中,信息模型软件的选择对于提高设计效率和质量至关重要。这些软件通常具备强大的建模、分析和可视化功能,能够帮助设计师更好地理解和表达设计意图。

在选择信息模型软件时,需要考虑以下几个因素。

① 功能需求:不同的软件具有不同的功能和特点,需要根据设计项目的具体需求来选择。例如,有些软件擅长地形建模和水体设计,而有些则更注重植物配置和建筑营造。

② 易用性：软件的界面设计和操作流程应直观易用，以便设计师能够快速上手并高效地完成设计工作。

③ 兼容性：软件应能够与其他设计软件或工具进行良好的兼容和配合，以确保设计数据的顺畅交换和共享。

在风景园林设计体系中，信息模型软件的选择对于提升设计效率、优化设计方案以及实现多专业协作至关重要。以下是一些在风景园林设计领域常用的信息模型软件。

① Revit：一款功能强大的 BIM 软件，适用于建筑、景观和基础设施设计。Revit 提供了丰富的工具和资源，用于创建精确的 3D 模型，支持参数化设计，能够方便地进行设计变更和修改。同时，它还能够与其他信息模型软件无缝对接，实现数据共享和协同设计。在风景园林设计中，主要用于设计与建筑密切相关的景观元素，如景观平台、景观构筑物、室外家具等，通过参数化建模实现精确设计与变更管理。其强大的信息模型功能支持数据集成、碰撞检测、材料统计等，有利于实现项目全生命周期的信息管理和协同工作。由于 Revit 与建筑、结构、机电等专业紧密集成，设计师可以轻松实现建筑与景观的无缝对接，确保设计的一致性和准确性。通过 IFC 等标准格式，可以与 Civil 3D 等软件交换数据，进行整体场地规划与设计。

② SketchUp：一款简单易用的 3D 建模软件，非常适合风景园林设计师进行概念设计和初步建模。它拥有直观的界面和丰富的素材库，可以快速构建出三维场景，并支持导入和导出多种文件格式。

③ Rhino：这款软件以其强大的非均匀有理 B 样条（non-uniform rational B-Splines，NURBS）建模能力著称，适用于创建复杂、非线性的自由形态景观元素，如异形景观构筑物、雕塑、座椅等。结合 Grasshopper 等参数化插件，设计师可以实现基于算法的创新设计和参数驱动的变体研究。Rhino 可通过插件（如 Terraform）进行地形建模与分析，适用于处理复杂地貌的景观项目。与 Revit 相比，Rhino 在处理大规模地形和进行精细化地形设计时更为灵活。

④ ArcGIS：作为专业的地理信息系统软件，用于整合、管理、分析和展示地理数据。在风景园林设计中，主要用于场地分析、环境评估、生态敏感性分析、植被分布研究等，为设计决策提供科学依据。ArcGIS 支持创建专题地图、叠加分析图层，有助于设计师理解场地背景、土地利用、交通网络、人口分布等多维度信息，辅助进行合理的空间布局与规划。

⑤ Civil 3D：擅长处理地形数据，进行场地建模、土方计算、道路设计、排水系统布局等。在风景园林设计中，主要用于场地分析、道路规划、停车设施设计等基础设施相关工作，确保设计符合地形条件和规范要求。作为 Autodesk BIM 系列软件的一员，Civil 3D 能够与 Revit 等软件无缝衔接，支持数据共享与冲突检测，可实现跨专业的协

同设计。

⑥ Lumion：以其快速、直观的实时渲染引擎闻名，设计师可以快速将 Revit、Rhino 等软件输出的三维模型转化为高质量的静态渲染图和动画。丰富的素材库、直观的操作界面和高效的渲染速度，使得 Lumion 成为快速呈现设计方案的理想工具。Lumion 内置丰富的植物、人物、天空、水体等模型和特效，便于创建生动的景观环境。其日光系统和环境模拟功能（如四季变换、风力效果等）有助于展现设计方案在不同季节和气候条件下的效果。

⑦ 光辉城市（Mars）：作为一款专为建筑与景观设计领域量身打造的 VR（虚拟现实）创作与展示平台，Mars 以其卓越的功能性和创新性引领设计行业的潮流。设计师可以轻松地将 Revit、Rhino 等专业软件输出的高精度三维模型导入 Mars，迅速将其转化为引人入胜的沉浸式 VR 场景。在佩戴 VR 设备的瞬间，用户仿佛置身于真实的设计空间之中，亲身感受设计方案所带来的空间感、尺度感及细腻的环境氛围。

不仅如此，Mars 还具备先进的云端协作功能，让设计团队成员能够跨越地域限制，实现在线同步修改和即时评论 VR 项目。这一特性极大地加速了设计迭代的进程，让创意的火花在团队成员之间自由碰撞与融合。同时，设计成果可通过便捷的链接分享给身处异地的客户，让远程评审与交流变得前所未有的简单与高效。

特别值得一提的是，在景观设计领域，Mars 更是展现出了无与伦比的优势。设计师可以运用 Mars 平台，将复杂的景观元素以生动的 VR 形式呈现出来，从宏大的自然地貌到细腻的植物配置，无不栩栩如生、触手可及。这使得设计师能够更直观地进行景观方案的推敲与优化，为客户带来前所未有的视觉与感官体验。

综上所述，Revit 在建筑与景观一体化设计、LIM 协同中占据核心地位；Rhino 擅长参数化设计与自由形态建模，特别是在复杂地形处理方面；SketchUp 利于快速概念设计与直观表达；ArcGIS 提供强大的地理信息系统支持与数据分析功能；Civil 3D 是处理地形与场地规划的专业工具；Lumion 专注于快速、高质量的渲染与动画制作；Mars 则利用 VR 技术提供沉浸式体验与远程协作。设计师可根据项目的具体需求和设计阶段，选择合适的软件工具或组合使用。

第 3 章 景观场地模型设计

景观场地模型设计是一个系统而全面的过程,通常包括以下几个核心阶段:项目前期调研与分析、概念设计与方案构思、详细设计与技术深化、视觉表现与方案呈现。不同阶段会涉及不同的专业软件来支持设计师完成相应的任务,以下是各核心阶段与适配的工作软件概述。

1. 项目前期调研与分析软件应用

GIS 软件:ArcGIS、QGIS 等,用于场地地理信息数据的采集。

摄影测量软件:如 Pix4D、Agisoft Metashape 等,用于处理无人机航拍或地面摄影测量的数据,生成高精度的地形模型和正射影像。

2. 概念设计与方案构思软件应用

SketchUp:以直观易用的特点,常用于快速创建景观场地的三维概念模型,进行空间布局推敲和初步视觉呈现。

Rhino:对于更复杂的几何形态或精准建模需求,Rhino 提供了强大的 NURBS 建模功能,适用于设计精细的景观构筑物或异形景观元素。

3. 详细设计与技术深化软件应用

CAD 软件:用于绘制精确的平面图、立面图、剖面图、详图等技术图纸,是景观设计行业的基础工具,用于精确表达设计细节和施工要求。

Revit:适用于创建包含丰富信息的三维建筑信息模型,尤其在复杂景观项目中,有助于协同设计、冲突检测及施工模拟。

专业分析软件:Grasshopper(与 Rhino 配合)或 Dynamo(与 Revit 配合)用于参数化设计与复杂算法驱动的景观元素生成。Civil 3D 或 LandCADD 等土木工程软件用于地形设计、场地排水分析、道路设计等。

4. 视觉表现与方案呈现软件应用

Lumion、D5 渲染器、光辉城市:实时渲染工具,擅长快速生成景观场景的高质量静态图像与动画,适用于方案演示和汇报。

综上所述,从前期调研分析到方案呈现,景观场地模型设计过程会涉及多种专业软件的综合运用,以适应不同阶段的工作需求,实现设计的精确性、可视化与高效沟通。设计师需熟练掌握相关软件的操作与应用,以充分发挥其在设计工作中的辅助作用。

3.1　原场地地形创建

3.1.1　Revit

在 Revit 中,场地规划是一个至关重要的环节,它涉及项目的整体布局、空间利用及环境融合等多个方面。

下面是关于 Revit 中场地规划的一些关键要素和操作流程。

(1)地形创建与调整。

首先,Revit 允许用户根据实际需求创建三维地形表面,可以通过导入地形数据或使用软件的建模工具来实现。地形表面的创建和调整对于后续的场地规划至关重要,因为它为设计师提供了真实的地理环境参考。

(2)建筑红线与场地边界。

在 Revit 中,用户可以轻松创建建筑红线,为建筑物划定明确的界限。这有助于确保建筑物在规划范围内,避免超出用地限制。同时,场地边界的设定也能够帮助设计师更好地把握整体布局,确保空间利用的最大化。

(3)平整场地(建筑地坪)。

根据设计要求确定建筑地坪的标高,按照建筑平面布局绘制地坪轮廓线,确保轮廓线闭合且位于期望的标高上。"属性"面板可以设置地坪材质、厚度、结构层等属性。如果需要将建筑地坪与地形进行平滑过渡,可以通过创建坡道、台阶或调整地形表面来实现。

(4)土方计算与平衡。

Revit 还具备强大的土方计算功能,能够精确计算土方工程量。这有助于设计师在规划阶段就考虑到土方开挖和回填的需求,从而避免后续施工中不必要的麻烦和增加成本。通过土方平衡,设计师可以确保场地在规划后的地形高度和坡度符合设计要求。

(5)布置配景。

设计师可以通过在场地规划中布置配景(树木、花草、道路、园林小品等),来增加场地的美观性和功能性。Revit 提供了丰富的配景库,设计师可以根据需要进行选择和布置,从而使整体场地规划更加完善。

（6）可视化与模拟。

Revit 支持创建三维视图或进行渲染，使设计师能够以更真实、更直观的方式展示场地规划的效果(图 3-1)。这有助于客户和其他利益相关者更好地理解设计方案，并提前发现和解决潜在的问题。此外，通过模拟功能，设计师还可以对场地的日照、风向等环境因素进行模拟分析，进一步优化设计方案。

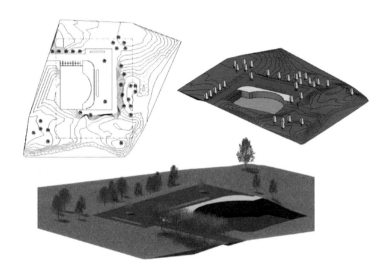

图 3-1　Revit 中完成的场地模型(展示)

1. 可随时修改项目的全局场地设置

在 Revit 中，确实可以随时修改项目的全局场地设置。

① 定义等高线间隔(图 3-2)。

② 添加用户定义的等高线。

③ 选择剖面填充样式。

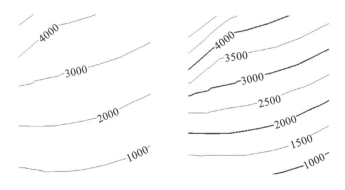

图 3-2　等高线显示

　　打开"地形表面设置"对话框的步骤:选择"体量和场地"→"场地建模"选项卡→面板下拉按钮→"场地设置"选项框(图 3-3)。

图 3-3　场地设置选择

2. 场地设置属性名称说明

场地设置对话框如图 3-4 所示,场地设置属性名称说明如表 3-1 所示。

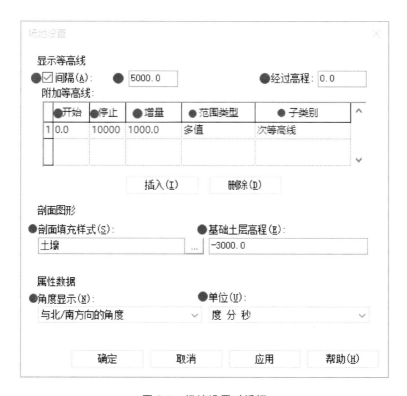

图 3-4　场地设置对话框

表 3-1　场地设置属性名称说明

名　称		说　明
显示等高线		如果清除该复选框,自定义等高线仍会显示在绘图区域中
间隔		设置等高线间的间隔
经过高程		等高线间隔是根据这个值来确定的。例如,如果将等高线间隔设置为 10,则等高线将显示在－20、－10、0、10、20 的位置,此时如果将"经过高程"值设置为5,则等高线将显示在－25、－15、－5、0、5、15、25 的位置
附加等高线	开始	设置附加等高线开始显示的高程
	停止	设置附加等高线不再显示的高程
	增量	设置附加等高线的间隔
	范围类型	选择"单一值"可以插入一条附加等高线;选择"多值"可以插入增量附加等高线
	子类别	设置将显示的等高线类型。从列表中选择一个值。若要创建自定义线样式,请打开"对象样式"对话框。在"模型对象"选项卡中,更改"地形"类别中的设置
剖面图形	剖面填充样式	设置在剖面视图中显示的材质
	基础土层高程	控制土壤横断面的深度(例如,30 英尺(9.14 米)或－25 米)。该值控制项目中全部地形图元的土层深度
属性数据	角度显示	指定建筑红线标记上角度值的显示
	单位	指定在显示建筑红线表中的方向值时要使用的单位

3. 显示等高线设置

间隔:当不勾选间隔选项时,系统会按照每隔 1000 米的高度创建一条等高线,而当勾选间隔选项时,系统就会按照我们输入的数据创建等高线。

经过高程:输入一个值作为"经过高程",以设置等高线的开始高程。

在默认情况下,"经过高程"设置为 0。例如,如果将等高线间隔设置为 10,则等高线将出现在－20、－10、0、10、20 的位置,此时如果将"经过高程"的值设置为 5,则等高线将会出现在－25、－15、－5、0、5、15、25 的位置。

4. 附加等高线设置

① 开始:输入附加等高线开始显示时所处的高程。

② 停止:输入附加等高线不再显示时所处的高程。

③ 增量:指定每条附加等高线的增量。

④ 范围类型:对于一条附加等高线,请选择"单一值";对于多条等高线,请选择

"多值"。

⑤ 子类别:等高线指定线样式。默认样式为"三角形边缘""主等高线""次等高线"和"隐藏线"(图 3-5)。

图 3-5 附加等高线设置

5. 剖面图形设置

① 对于"剖面填充样式",选择一种要用于在场地剖面视图中显示的材质。对应的材质有"场地-土""场地-草"和"场地-沙"。

② 对于"基础土层高程",输入一个值以控制土壤横截面的深度,例如,-30 英尺(-9.14 米)或-25 米。该值控制项目中全部地形图元的土层深度(图 3-6)。

图 3-6 剖面图形设置

6. 创建地形表面

创建地形表面,依次单击"体量和场地"→"场地建模"→📶(地形表面)。

① "地形表面"工具通过拾取点来定义地形表面(图 3-7)。

② 可以在三维视图或场地平面中创建地形表面,依次单击"放置点"→"选择导入实例"或"指定点文件"(图 3-8)。

③ 通过拾取点创建地形表面。在选项栏上设置"高程"的值,点及其高程用于创建表面(图 3-9)。

在"高程"文本框旁边,选择下列选项之一。

绝对高程:点显示在指定的高程处(基于内部原点),可以将点放置在活动绘图区域中的任何位置(图 3-10)。

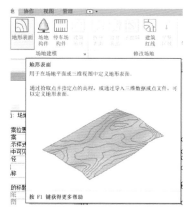

图 3-7　地形表面设置

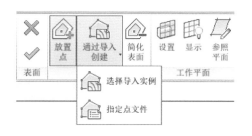

图 3-8　创建地形表面选项

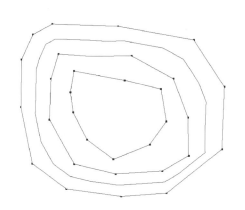

图 3-9　编辑现有地形高程

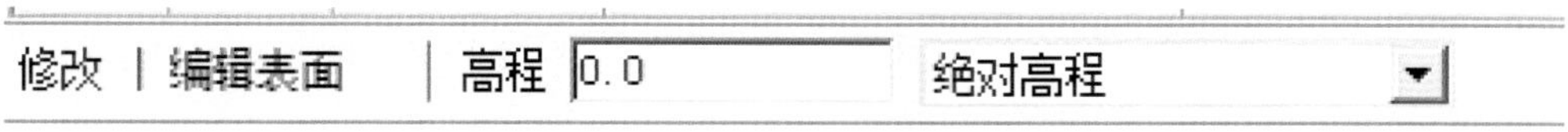

修改 | 编辑表面 | 高程 0.0　　　　绝对高程　　▼

图 3-10　编辑表面选项栏

相对于表面:通过该选项,可以将点放置在现有地形表面上的指定高程处,从而编辑现有地形表面。若要使该选项的使用效果更明显,需要在着色的三维视图中工作。

7. 导入等高线数据以创建地形表面

可根据以 DWG、DXF 或 DGN 格式导入的三维等高线数据自动生成地形表面,Revit 会分析三维等高线数据并沿等高线放置一系列高程点。

① 如图 3-11 所示,在 CAD 中绘制等高线并设置 Z 值(标高)。

② 导入 CAD 文件(必须包含三维信息)(图 3-12),如等高线文件“mm. dwg”。将 CAD 文件导入 Revit 时,请勿选择“仅当前视图”选项。

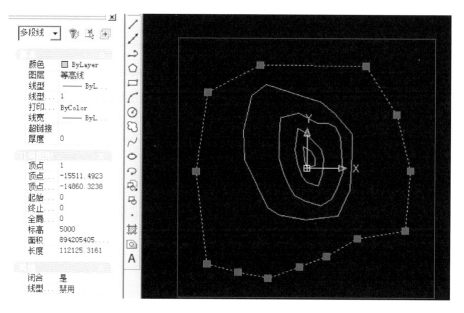

图 3-11　在 CAD 中绘制等高线

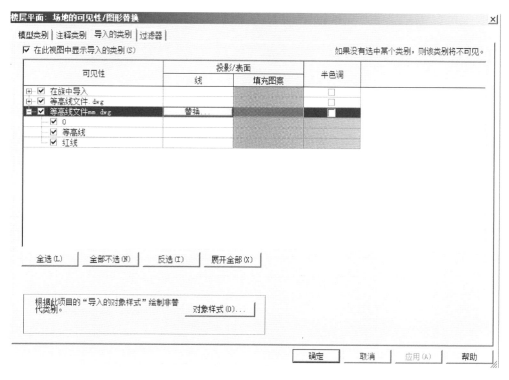

图 3-12　在 Revit 中导入 CAD 文件

③ 如图 3-13 所示,选择导入实例,在图中选择导入的 CAD 文件,出现对话框,请选择等高线所在的图层。

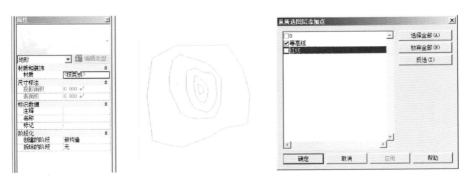

图 3-13　Revit 中导入 CAD 文件后选择等高线图层

④ 生成山体模型,并设置材质。

⑤ 完成地形表面建设(图 3-14)。

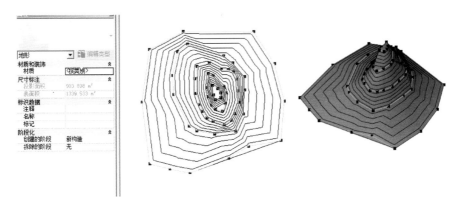

图 3-14　完成地形表面建设

8. 点文件

打开 CSV 文件或 TXT 格式的地形测量点文本文件。

选择数据文件的单位:米、厘米、毫米等(图 3-15)。

图 3-15　在 Revit 中打开 CSV 或 TXT 文件后选择单位

9．创建建筑红线

创建完地形表面，就可以创建建筑红线，确定项目范围。依次单击"创建建筑红线"→"通过输入距离和方向角来创建"（图 3-16、图 3-17）。

图 3-16　创建建筑红线

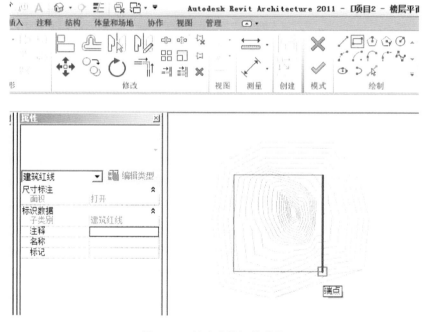

图 3-17　创建建筑红线成果

10．编辑建筑红线

① 编辑草图：直接编辑边界线的位置、形状（图 3-18）。

② 编辑表格：可将建筑红线转换为表格，它是不可逆的，它将不可再用"编辑草图"进行编辑（图 3-19）。

③ 编辑建筑红线。通过方向与距离表创建建筑红线，最后一条线由"添加线以封闭"来完成（图 3-20）。

图 3-18　编辑草图

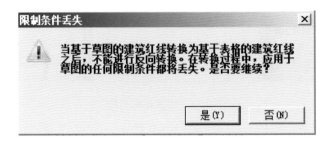

图 3-19　限制条件丢失对话框

图 3-20　编辑红线对话框

11. 统计建设用地面积

① 表格属性选择:依次选择"明细表/数量"→类型选择"建筑红线"→字段选择"面积",可得到用地面积(图 3-21)。

图 3-21 统计建设用地面积

② 红线线段长度统计:依次选择"明细表/数量"→类型选择"建筑红线线段"→字段选择"北/南""距离""东/西",可得到红线线段长度(图 3-22)。

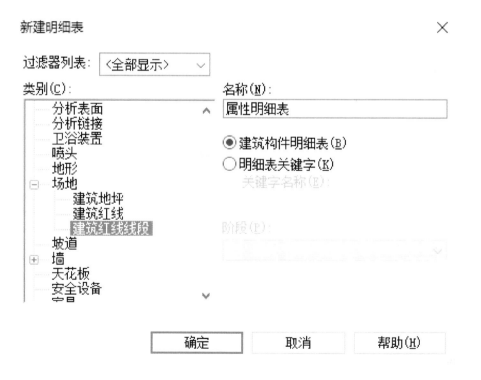

图 3-22 统计红线线段长度

12. 红线标记

① 选择"按类别标记",如图 3-23 所示。

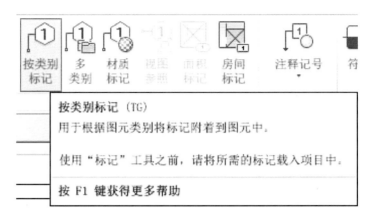

图 3-23　按类别标记

② 载入"建筑红线线段"标记:依次点击"注释"→"景观工程"→"建筑红线标记",如图 3-24 所示。

图 3-24　载入建筑红线线段标记提醒

③ 单击"建筑红线边线",在拾取处自动标记红线的长度、方位角,如图 3-25 所示。

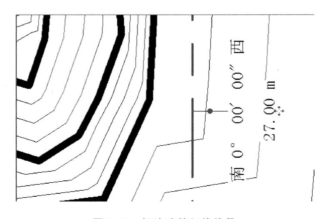

图 3-25　标注建筑红线线段

13. 场地规划(地形表面的编辑)

绘制地形表面,定义建筑红线之后,可以对项目的建筑区域、道路、停车场、绿化区域等做总体规划设计,包含拆分表面、合并表面、子面域等修改场地的命令(图 3-26)。

图 3-26　Revit 修改场地命令

① 拆分表面:将一个地形表面拆分为几个不同的表面,然后分别编辑这几个表面的形状,并指定不同的材质来表示公路、湖泊、广场等(图 3-27)。

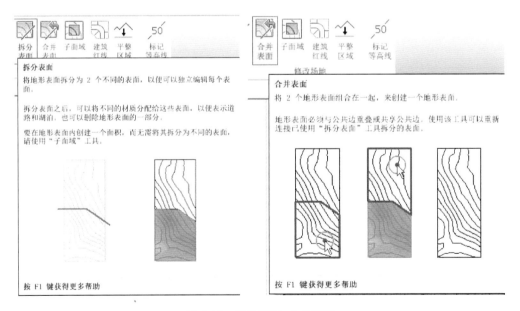

图 3-27　拆分表面、合并表面

② 合并表面:将有公共边或重叠的表面合并为一个表面,合并后地形表面的材质和先选择的主表面相同;注意勾选"删除共边上的点"(图 3-27)。

③ 子面域:在现有的地形表面内部绘制一个封闭区域,并设置其属性,如设置不同材质用以表示不同的区域,而原始的地形表面并没有发生变化;子面域依附于主面

域存在;子面域轮廓线可以任意绘制,如超出地形表面,完成后的子面域会自动进行处理,以和地形边界重合(图 3-28)。

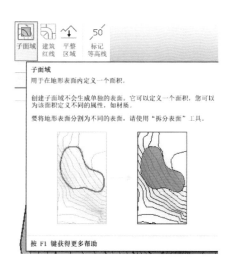

3.1.2　Civil 3D

1. 创建曲面

在项目设计过程中,由于各方提供的文件内容不同,创建曲面的方法也各不相同。因此,针对常见的几种文件内容,可以采用以下几种创建曲面的方法。

(1) 以高程控制点创建曲面。当文

图 3-28　设置子面域

件内容主要为高程控制点时,可以直接通过框选范围内的高程控制点生成曲面。但需要注意的是,所有的高程控制点不仅需要包含文本的高程信息,而且块属性也需要携带高程信息。如果高程点只包含文本信息,那么生成的地形曲面将无法直接使用。针对这种情况,可以通过显示曲面点,手动修改点的高程,使其与高程点的文本信息一致。

① 在模型软件中,选择"创建曲面"选项,进入创建曲面的界面(图 3-29)。

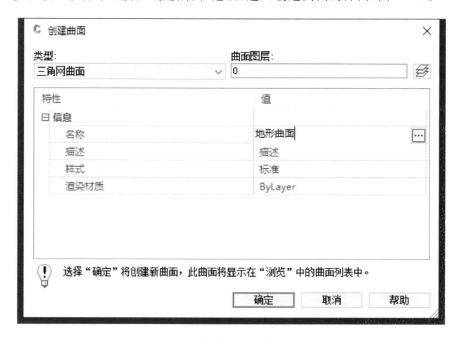

图 3-29　创建曲面

② 点击"图形对象",选择"块"并添加其属性(图 3-30)。

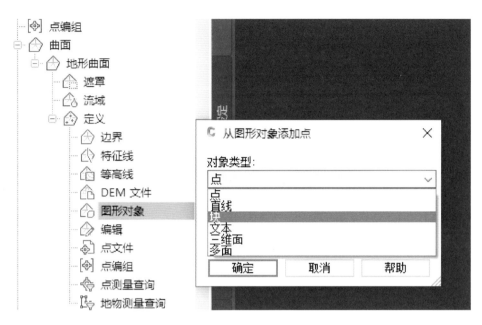

图 3-30　添加图形对象

③ 添加"块"对象属性,确定框选范围内的高程点,即可生成曲面(图 3-31)。

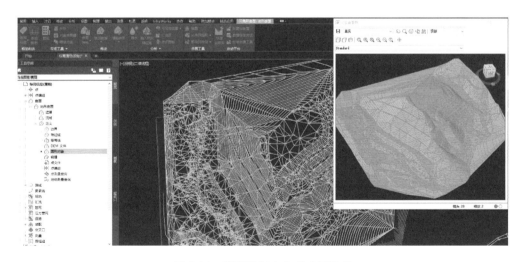

图 3-31　高程控制点生成曲面结果

(2) 以等高线创建曲面。等高线生成曲面原理与高程点一样,如果等高线带有高程信息,即可一键生成,如果没有高程信息,可以通过修改属性添加高程信息(图 3-32)。

① 创建曲面,打开曲面定义(图 3-33)。

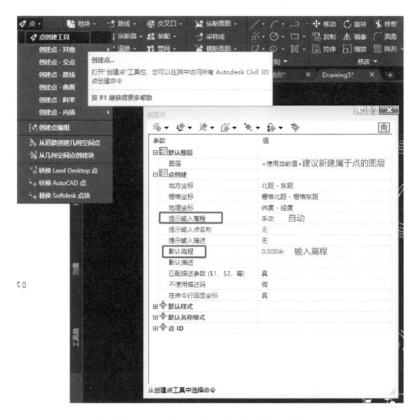

图 3-32　手动添加等高线的高程信息

图 3-33　创建曲面、编辑曲面特性

② 添加等高线，确定后框选范围内的等高线再确认即可（图 3-34、图 3-35）。

注意，在景观设计图纸中，等高线往往以"样条曲线"的形式来表示，该曲线不同于多段线，无法直接在属性中添加相匹配的高程信息。因此，在面对这种等高线时，需要

图 3-34　添加等高线数据

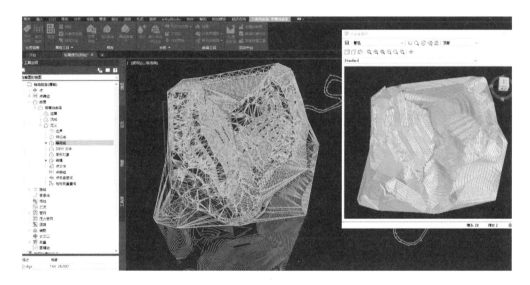

图 3-35　等高线生成曲面结果

把样条曲线先转为多段线,再继续生成曲面。

（3）以点编组的方式创建曲面。

在 Civil 3D 软件中,通过等高线取点的方式创建一系列的点,这些点编组后可以用于创建曲面。

① 创建点,调整并输入点的创建信息(图 3-36)。

② 添加点编组,选择所有点,确定后框选范围内的等高线再确认即可(图 3-37)。

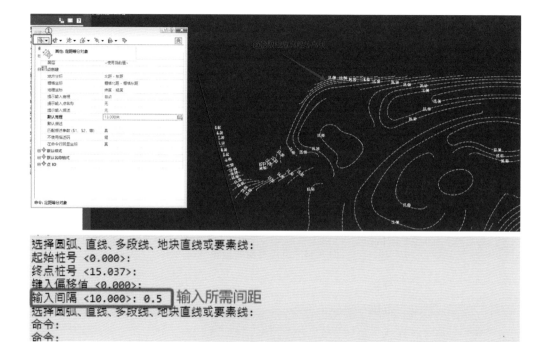

图 3-36　在指定要素上等分取点

图 3-37　添加点编组定义

2. 基于曲面的编辑应用

（1）以曲面定义边界。生成曲面后，可以在曲面下层级"定义"中以边界线为基础添加"边界"，以让曲面达到不一样的显示效果（图 3-38）。

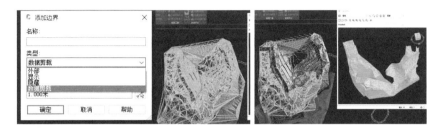

图 3-38　定义曲面边界

外部：在曲面范围内，把边界线定义为"外部"时，曲面只会显示边界范围内的内容。

显示：当曲面有部分被隐藏后，可通过边界线把区域的曲面显示出来。

隐藏：以边界线为范围把区域内的曲面隐藏。

数据剪裁：以边界线为范围，在曲面上添加其他信息时，只有在范围内才生效。

（2）查找筛选错误。选择需要编辑的曲面，打开"曲面特性"，选择"定义"选项，软件提供了"排除大于此值的高程""使用最大角度""三角形最大边长"等选项。可根据实际文件以及项目情况，选择一种或者几种选项一起排除错误的高程（图 3-39）。

（3）手工编辑曲面。在曲面没有太多问题之后，可对曲面进行手工微调，可以根据曲面情况进行相对应的调整（图 3-40）。

图 3-39　查找筛选曲面

图 3-40　手工编辑曲面

3.1.3 Rhino

1. 通过高程点生成网格地形

在设计初期处理 CAD 文件时，经常会遇到图纸仅具有点位和高度数据的情况，这些点的 Z 坐标没有被赋值。手动调整这些点的位置显然是不切实际的，因此需要借助 Grasshopper 软件来完成这一任务。

（1）将 CAD 图纸导入 Rhino 软件中（图 3-41），这一步骤为设计团队提供了一个起点，使他们能够在 Rhino 的环境中进行后续操作。

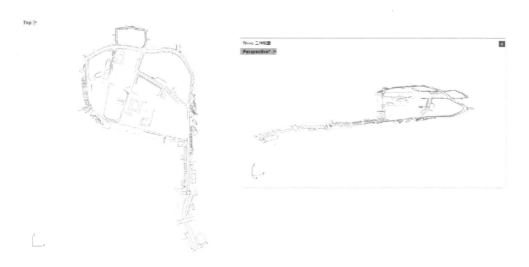

图 3-41 在 Rhino 中打开 CAD 图纸

（2）在导入 CAD 图纸后，必须仔细检查图纸的标高是否以 Rhino 文字格式存在，并将所有标高文字放置在同一个图层中（图 3-42）。这有助于确保数据的一致性和准确性，为后续处理奠定了基础。

（3）在 Grasshopper 中，利用 Human 插件的 Dynamic Geometry Pipeline 功能，从指定图层上抓取指定物件，这使得处理复杂的 CAD 数据变得更加高效和方便。将文字所在图层名称接入 Dynamic Geometry Pipeline 电池块的 lay 端，将文字属性（text）接入 type 端，这一步骤是为了准确地捕获并识别所需的数据元素（图 3-43）。

（4）运用 Human 插件中的 Text Object Info 功能，将文字转换为数值，并在 Z 方向上进行相应的偏移（图 3-44）。这一步骤为每个点赋予了准确的 Z 坐标，使得数据变得更加完整和可用。将高程点从平面点转换为空间点，这是为了将数据从二维平面转换到三维空间，为地形建模做好准备。

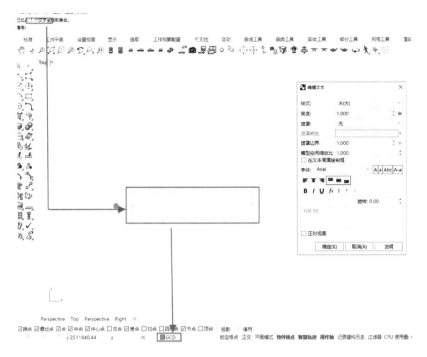

图 3-42　检查标高属性

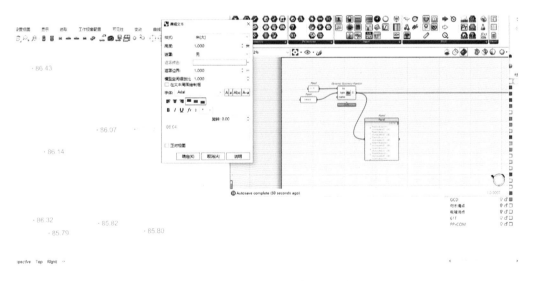

图 3-43　用 Human 插件抓取文字

（5）将空间点接入 Grasshopper 中的 Delaunay Mesh，生成网格地形（图 3-45），这是通过将数据转换为网格形式来模拟地形起伏的关键步骤。

（6）可以使用渐变色来更直观地观察地形的起伏变化情况（图 3-46），这为设计团队提供了直观的可视化工具，帮助他们更好地理解地形特征。

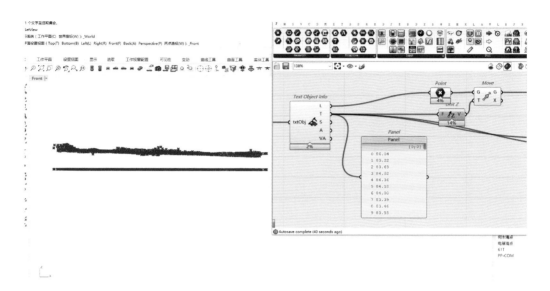

图 3-44　用 Human 插件对高程点的标高进行处理

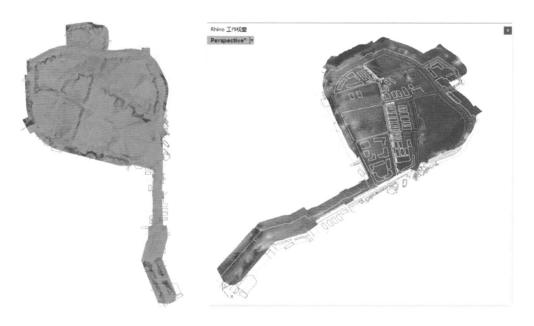

图 3-45　网格地形生成结果

通过以上步骤，设计团队能够高效地处理前期 CAD 文件，生成具有完整高程信息的网格地形，并通过渐变色进行直观观察和分析，从而为项目的后续设计工作提供有力支持（图 3-47）。

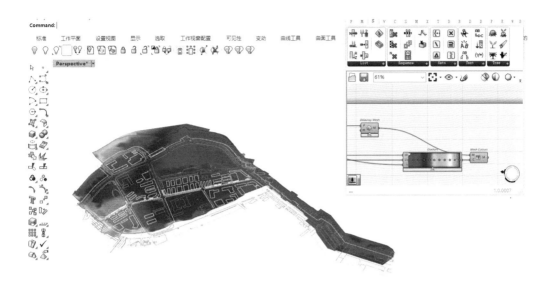

图 3-46　网格渐变色结果展示一

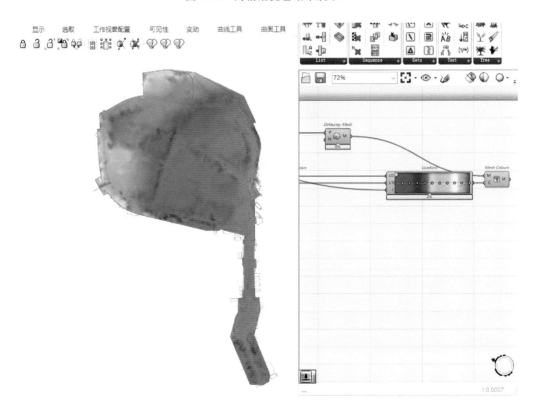

图 3-47　网格渐变色结果展示二

2. 通过等高线生成网格地形

当处理原始地形信息为等高线的文件时,同样可以在 Grasshopper 中使用相关的电池组来处理等高线数据。这些电池组包括拾取等高线、定距等分命令等,能够高效地对数据进行处理,来完成地形建模的任务。

(1)导入等高线数据:将原始的等高线数据导入 Rhino 软件中(图 3-48),这是进行地形建模的第一步,要确保数据准确且完整。

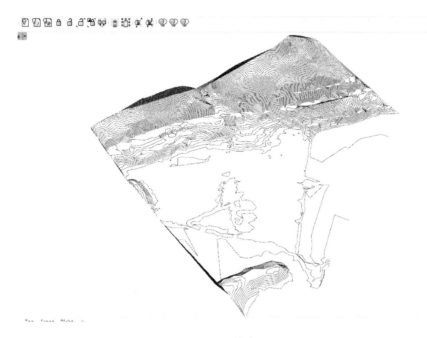

图 3-48　导入等高线数据到 Rhino 软件中

(2)利用 Grasshopper 中的定距等分命令,在等高线上均匀地取点(图 3-49),这有助于确保地形模型的精确度和平滑度。通过定距等分命令取得的点组成高程点的候选集合,这些点将作为生成地形模型的基础。

(3)对取得的高程点进行结构化拍平操作,使其变为点组,为后续生成网格做好准备。这一步骤确保了数据的一致性和可用性。接着将结构拍平后的高程点接入 Delaunay Mesh 组件,利用 Delaunay 三角剖分算法生成地形的网格面,这将模拟出地形的起伏特征(图 3-50)。

经过以上步骤处理后,即使原始地形信息为等高线,也能够利用 Grasshopper 电池组高效地进行地形建模,生成具有完整高程信息的网格地形。这一过程不仅能够提高工作效率,还能够确保地形模型的准确性和可视化效果。

3. 网格地形—等高线—曲面地形

当我们进行曲面地形的转换时,对等高线进行处理是非常关键的步骤。

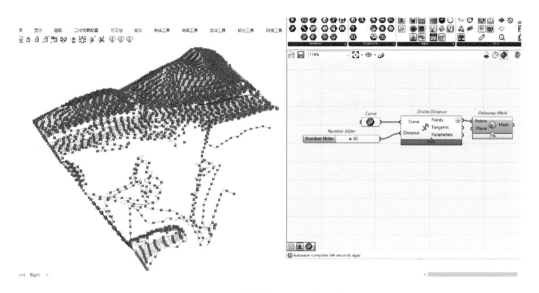

图 3-49　在等高线上取高程点

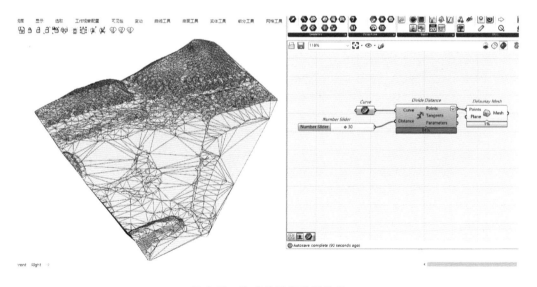

图 3-50　生成的网格地形结果

（1）提取网格面的边界：我们需要从已有的网格面中提取出边界线，通过投影命令，在水平面上得到网格面的轮廓线（图 3-51）。

（2）补齐竖直方向的切面等高线，以确保等高线在垂直方向上的连续性。这一步骤包括将水平轮廓线放样成封闭的面，通过偏移得到间隔均匀的一系列水平切割平面，和放样得到的封闭的垂直面取相交线（图 3-52、图 3-53）。

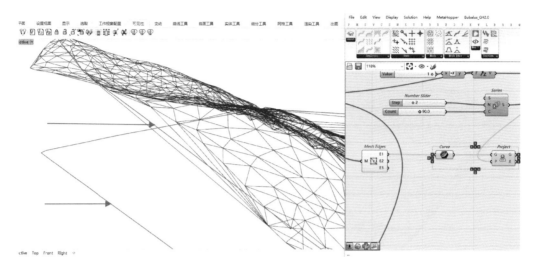

图 3-51 提取地形边界线并作投影

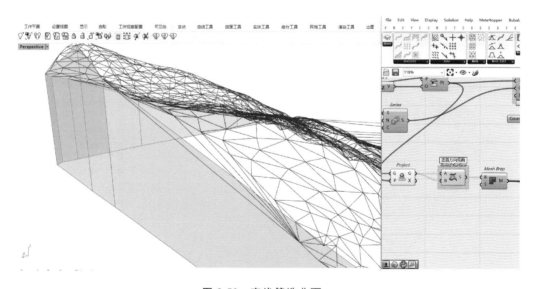

图 3-52 查找筛选曲面一

（3）将竖直方向生成的等高线与原本的等高线进行组合，确保形成闭合的曲面地形（图 3-54）。

（4）在 Rhino 软件中使用 Patch 嵌面命令，控制适当的取样间距，以得到曲面格式的地形面（图 3-55）。

（5）在等高线稀疏的区域，嵌面方法可能会产生较大的误差（图 3-56），因此，需要进行手动调整，以确保生成的曲面地形符合预期。

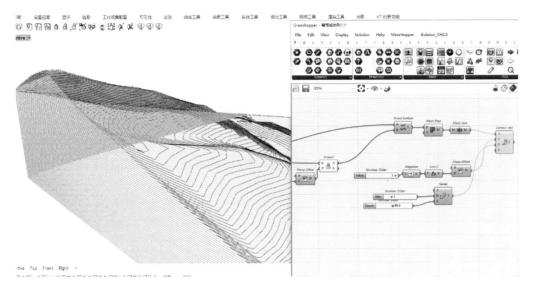

图 3-53　查找筛选曲面二

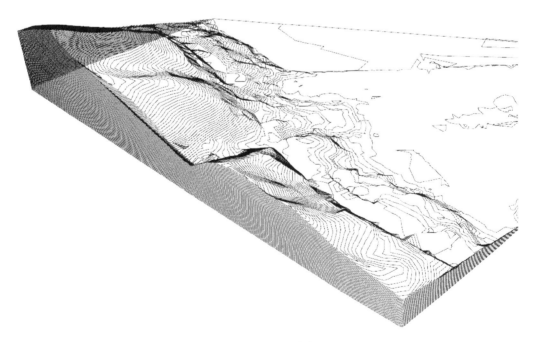

图 3-54　生成的闭合等高线展示

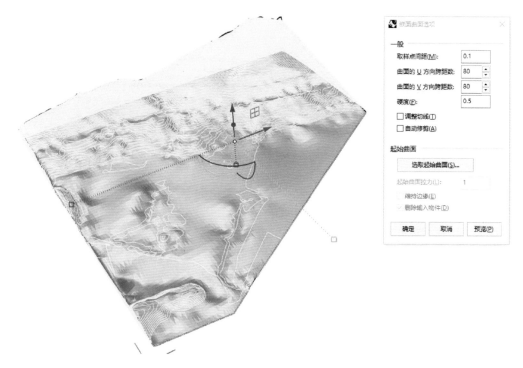

图 3-55　Patch 嵌面结果展示

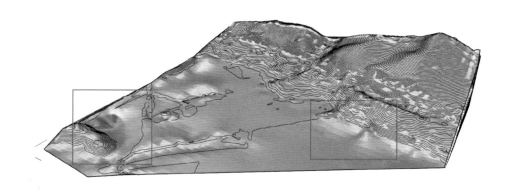

图 3-56　曲面局部可能存在的误差展示

通过以上步骤,我们可以有效地利用等高线生成曲面地形,并通过适当的调整确保地形的准确性和完整性。

4. 在 Rhino 中将网格转换为 Nurbs 曲面

当我们考虑地形数据的转换和处理时,除了使用闭合等高线进行曲面生成,还有一种方法是使用布帘曲面命令,这个命令会在网格表面紧密地覆盖一层曲面,其起伏与网格的起伏几乎一致。在一些对误差有一定容忍度的场景下,布帘曲面命令是将网格格式转换为曲面格式最快的方法之一。

(1) 我们需要有一个网格地形面,这里用前面生成的地形面做演示。

(2) 使用布帘曲面命令在网格表面紧密地覆盖一层曲面,范围可以稍大一点。

(3) 为了得到更加精确的曲面地形,我们可以使用比原边界稍小一点的范围线对地形曲面进行裁切(图 3-57)。这个步骤可以得到一个近似地形的曲面,使得地形的边界更加符合实际情况。

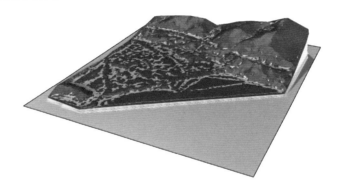

图 3-57　裁切筛选曲面

通过以上步骤,我们可以有效地将网格格式的地形转换为曲面格式,并通过裁切等方法得到更加精确的曲面地形数据(图 3-58)。这些方法可以在地形建模和仿真设计等领域得到广泛应用,为地形数据处理提供便利和灵活性。

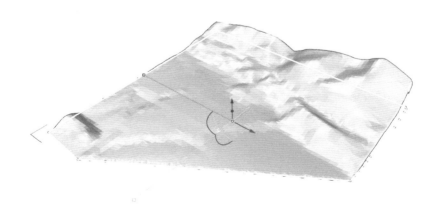

图 3-58　布帘曲面生成结果展示

3.2 场地分析

3.2.1 Civil 3D

1. 地形数据可视化分析

（1）曲面特性分析。创建好曲面后，可以对曲面的高程、坡度、坡面箭头等进行分析，以获取设计需要的地形数据。曲面的高程、坡度、坡面箭头分析步骤大致相同，下面就以使用率较高的高程分析举例说明。

① 右击选择的曲面，点开"曲面特性"，在"分析类型"选项下选择"高程"（图3-59）。

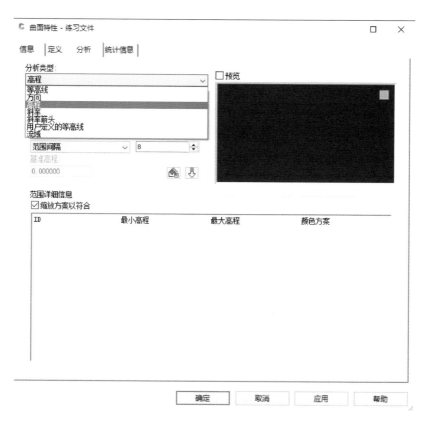

图 3-59　曲面高程分析

② 点击图 3-60 中间的箭头符号，软件会以"范围间隔"的数据把高程由低到高分成若干区间，可根据个人喜好调整颜色方案。

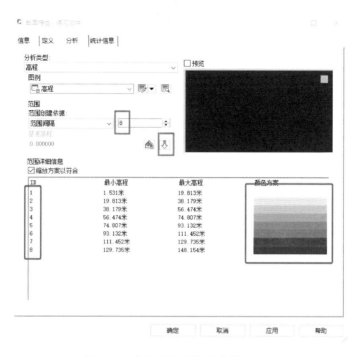

图 3-60　高程由低到高分成若干区间

③ 再通过颜色方案对高程进行区分，以颜色区分最小高程与最大高程范围，模型会以高程范围颜色间隔显示（图 3-61）。

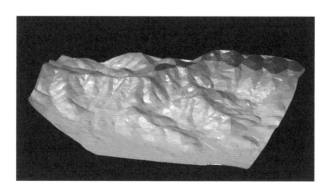

图 3-61　高程范围颜色间隔显示

④ 点击曲面，可以通过添加图例命令把曲面信息汇总成一个表，各项数据更加清晰（图 3-62）。

（2）编辑曲面样式。

信息：主要是编辑曲面的名称并进行描述。

边界：设置曲面的三维形状及边界类型，一般选择默认即可。

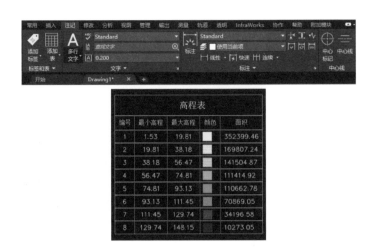

图 3-62　添加高程图例

等高线:主要用于调整等高线间距,通过调整等高线间距以达到设计需求。

栅格:调整栅格大小,一般选择默认即可。

点:调整点的三维形状、大小及显示状态。

三角形:设计三角形显示模式,一般选择默认即可。

流域:控制曲面流域的显示。

分析:控制方向、高程、坡度的显示,调整坡面箭头的大小。

显示:控制平面、模型、横断面三个视图方向的内容显示,类似 CAD 图层,可调整可见性、图层、颜色等。系统默认为平面的视图,可根据需要查看不同的类型,以进行部件的显示调整(图 3-63)。

图 3-63　曲面样式显示选项面板

（3）跌水。选择需要模拟跌水的曲面，在曲面表面点击水流起始点，起始点会根据地形表面的坡度模拟水流流向，从而形成跌水的路径。

把"路径对象类型"调为"三维多段线"时（图 3-64），跌水路径会附着在地形表面上，转为三维视角效果更佳（图 3-65）。

图 3-64　跌水模拟

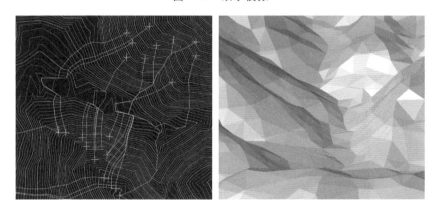

图 3-65　三维跌水路径效果

2. 提取曲面数据

在 Civil 3D 里创建的曲面，可根据需求提取不同类型的数据用以在其他软件进行交互设计（图 3-66）。

"从曲面提取实体"相当于以曲面为完成面，提取出一个实体模型，而曲面是没有厚度的，所以需要为曲面创建一个深度（图 3-67）。

提取完成的曲面实体模型如图 3-68 所示。

在设计过程中，还可以选择图 3-67 中"在曲面处"提取实体模型（图 3-69），系统会在两个曲面之间的空隙生成实体模型。

图 3-66　提取曲面数据

图 3-67 从曲面提取实体

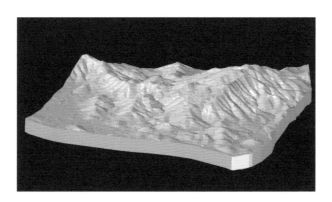

图 3-68 提取完成的曲面实体模型

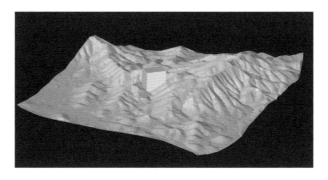

图 3-69 选择"在曲面处"提取实体模型

另外还可以根据图 3-67 中"练习文件"的选项提取对象(图 3-70)。

图 3-70 提取对象

提取对象时,需在"曲面样式"中把需要提取的部件类型可见性打开,才能进行提取(图 3-71)。

图 3-71 部件类型可见性打开后的提取对象

3．环境模拟

室外物理环境性能应包括室外风环境、热岛强度、环境噪声、日照等内容，其计算应符合国家现行有关设计和评价标准的规定。正如形式服从功能一样，环境设计和规划也应该遵循自然，以创造可持续运作的建筑、基础设施、景观和城市。

（1）光照与阴影分析。

植被光照需求满足度：模拟光照强度和分布（表 3-2），评估现有或拟种植的植被种类能否获得充足的光照以维持健康生长，指导植物配置与布局优化。

表 3-2　光照模拟

建筑气候区划	Ⅰ、Ⅱ、Ⅲ、Ⅶ气候区		Ⅳ气候区		Ⅴ、Ⅵ气候区
	大城市	中小城市	大城市	中小城市	
日照标准日	大寒日				冬至日
日照时数/时	≥2	≥3			≥1
有效日照时间带/时	8～16				9～15
计算起点	底层窗台面				

活动空间舒适性：分析户外活动区域（如广场、步行道、休息区等）的光照条件，确保在不同时间段内有足够的日光照射，同时避免过度曝晒，提升使用者的舒适度。

例如在建筑阴影区外的步道、庭院、广场等室外活动场地设乔木、花架等遮阴措施，使遮阴比例达 10%。

（2）风环境模拟。

风速与风向对户外空间的影响：识别风速过高或风向不利的区域，指导调整景观元素（如构筑物、植被、地形等）布局以改善风环境，提高户外活动区域的舒适性和安全性。

微气候改善策略：通过模拟风与景观元素的相互作用，验证景观设计设施（如风廊、风屏障、风道等）对降低风速、引导气流、缓解城市热岛效应的效果。

例如在冬季典型风速和风向条件下，模拟风环境为建筑物周围户外休息区、儿童娱乐区风速小于 2 米/秒，且室外风速放大系数小于 2；人行区距地面高度 1.5 米处风速小于 5 米/秒；除迎风第一排建筑外，建筑迎风面与背风面表面风压差不大于 5 帕。过渡季、夏季典型风速和风向条件下，模拟风环境为场地内人活动区不出现涡旋或无风区；50% 以上可开启外窗室内外表面的风压差大于 0.5 帕。

（3）水文模拟。

雨水管理与利用：模拟雨水径流、渗透及蓄滞过程，指导设计雨水花园、生态滞留池、渗透路面等绿色基础设施，实现雨水的有效收集、净化和再利用，降低场地内涝风险，保护水资源。

水体生态功能评估：模拟水体与周边环境的相互作用，如蒸发冷却效应、湿度调节、生物栖息地价值等，为水体（如人工湖、湿地、溪流等）设计提供科学依据，增强景观的生态服务功能。

（4）缓解热岛效应。

景观降温效果评估：模拟绿色植被、水体、透水铺装等景观元素对场地温度的影响，量化其降低地面和空气温度、改善微气候的贡献，指导景观布局和材料选择。

城市热岛分布与景观干预：通过模拟城市热岛分布特征，指导景观设计在热点区域采取强化降温措施（如密集种植、增加水体、设置遮阳设施等），以改善城市整体热环境。

（5）生物多样性保护与提升。

生境分析与物种适宜性：基于模拟的光照、温度、湿度等环境条件，评估不同景观区域对本地动植物物种的适宜性，指导生境恢复、栖息地营造及物种选择。

生态连通性优化：模拟生物迁徙通道、生态廊道对生物多样性保护的作用，指导景观设计，增强地块内外生态要素的连通性，促进生物种群交流。

（6）景观视觉与空间体验。

视线分析：模拟视线通达性，评估景观元素（如地标、视线焦点、景观轴线等）的视觉效果，指导景观视线设计以优化景观视线组织和保护景观视线。

光影效果模拟：通过模拟日光与景观元素相互作用产生的光影变化，预览和优化景观在不同时间和季节的视觉效果，提升景观的艺术性和体验感。

综上所述，在绿色建筑设计规范下对自然条件的模拟，能够为景观设计提供科学的数据支撑，帮助设计师在植物配置、地形塑造、水体设计、材料选择、空间布局等方面做出更符合生态原则、提升环境品质、增进使用者舒适度的决策。这些结论不仅有助于实现景观设计的美观与功能目标，更是推动绿色建筑理念在景观层面落地的关键手段。

3.2.2　斯维尔节能系列

1. 日照模拟

爬取项目周边能造成遮挡的建筑或者山体地形等，处理模型时，把遮挡物尽可能简化成单一的几何体，项目竖向整体起伏不大的可用平面代替，方便运算，如果有现成的模型,简化清理一些不必要的构件后(一般只留场地表面及主要的遮挡物),导出DWG 格式文件,再用软件打开即可。

① 打开软件日照分析,根据设计底图创建遮挡物及景观场地边界线(图 3-72),点击建筑高度,定义遮挡物的高度。

② 重复第一步的操作后,得到一个简单的场地模型(图 3-73)。

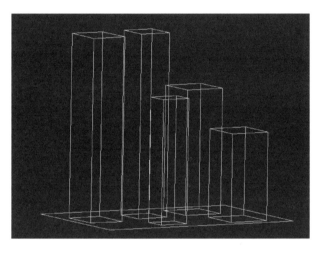

图 3-72 创建遮挡物及景
观场地边界线

图 3-73 创建的场地模型

③ 在"高级分析"中选择"全景日照"(图 3-74)。

④ 根据项目实际情况调整参数(图3-75)。

⑤ 选择待分析的建筑(图 3-76)。

⑥ 选择完后再次选择"遮挡物"。

⑦ 点击确定后软件会开始运算,等待结果(图 3-77)。

运算完成后,选择设计需要的视角,点击左下角"保存图片"即可。

2. 风环境模拟

环境模拟可共用一套模型,日照分析过程中调整好的模型可在风环境模拟中直接使用。

图 3-74 选择全景日照分析

图 3-75　全景日照参数

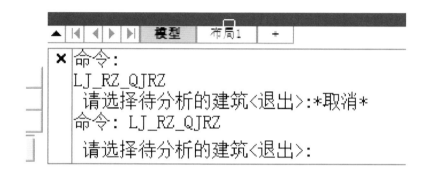

图 3-76　选择待分析的建筑

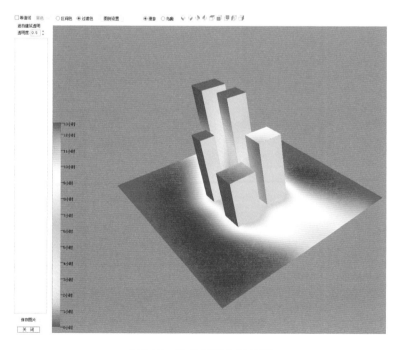

图 3-77　软件日照分析计算

① 打开建筑通风软件,打开模型文件。

与日照模拟不一样,风环境模拟需要创建一个风场范围来把项目模型包裹住,计算机计算时只计算风场范围内的环境,而风场范围可用总图框或者直接创建风场范围来确认。

② 在"室外总图"选项下点击"建总图框",把计算模型框在范围内即可(图 3-78)。

③ 根据项目实际的指北角度放置指北针,同时设置水平剖面(图 3-79)。

图 3-78　点击总框图确定计算范围

图 3-79　设置水平剖面

可在水平剖面中添加新的标高(图 3-80),计算机计算时会在每个标高的水平剖面上进行计算,平常默认 1.5 米高度即可,如果项目竖向多变,在有多个人流集中的小场地且场地的竖向又不一致的情况下,可根据每个场地的高度添加多个水平剖面,以模拟更精细的风环境。

④ 完成上述步骤后,在"计算分析"选项下选择"室外风场"(图 3-81)。

⑤ 选择"用总图框确定建筑群,自动确定风场范围"(图 3-82)。

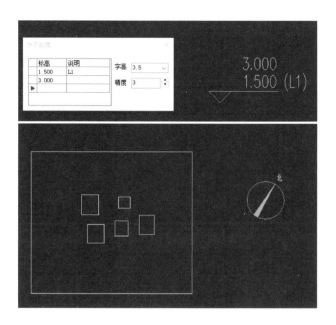

图 3-80　在水平剖面添加标高

图 3-81　计算室外风场

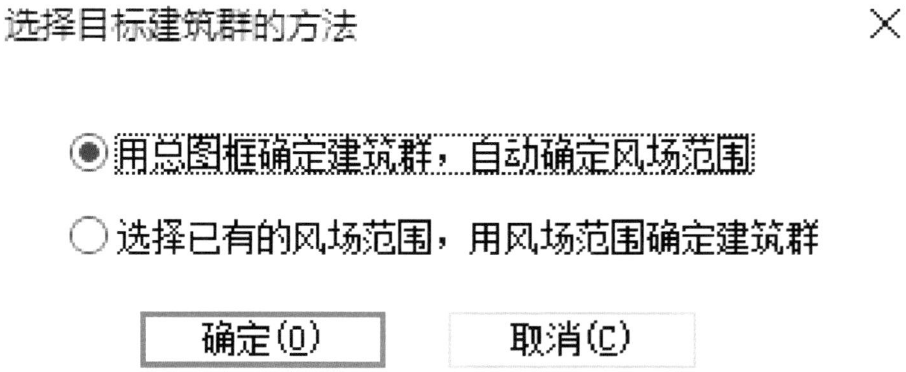

选择目标建筑群的方法　　　　　　　　　　✕

◉ 用总图框确定建筑群，自动确定风场范围

○ 选择已有的风场范围，用风场范围确定建筑群

确定(0)　　　　取消(C)

图 3-82　用总图框确定建筑群

⑥ 确定后调整参数设置（图 3-83）。

⑦ 调整完点击"确定"即可，计算机开始计算。

⑧ 在"设置"选项下点击"风场范围"（图 3-84）。

⑨ 框选需要模拟的模型（图 3-85）。

参数设置   ✕

一般网格   入口风   选择项目所在地   导出配置(E)

分弧精度(m) ng   导入配置(I)

	季节	风速(m/s)	来风方向	
▶	☑冬季	4.700	N	□
	☑夏季	3.000	SW	□
	☑过渡季	3.000	SW	□

初始网格(m) 8

最小细分级数 2   粗略(高速)

最大细分级数 3   地面粗糙度指数 0.28   ...   一般(中速)

棱角逼近 □   求解   精细(低速)

地面网格   最大迭代次数 200   自定义

远场细分级数 2   根据计算机配置调整数据精细程度   □网格优化

近场细分级数 4

近场偏移距离(m) 8   备注 [   ]

地面范围高度(m) 2   □计算完毕提取单体门窗风压表   ☑加入计算队列

附面层   确定(O)

地面附面层数 5   取消(C)

建筑附面层数 2   应用(A)

图 3-83   调整参数

图 3-84   设置风场范围

命令：LJ_V_FCFW
选择模型:*取消*
命令：*取消*
命令：LJ_V_FCFW
选择模型:|

图 3-85   选择需要模拟的模型

⑩ 确认后在库中选取项目所在的位置及季节(图 3-86)。

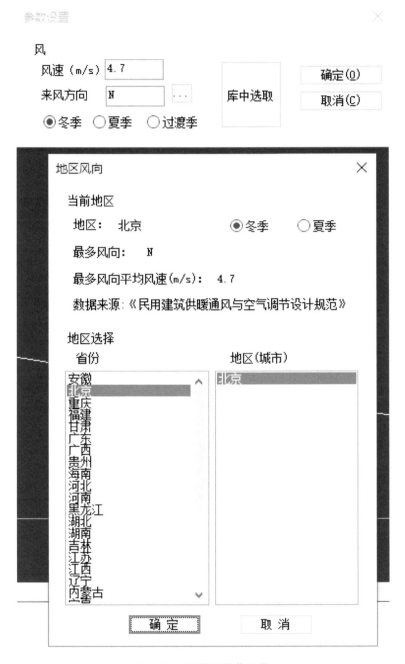

图 **3-86** 位置及季节设置

⑪ 确认后调整参数设置(图 3-83)。

⑫ 调整完点击确定即可,计算机开始计算,最终得到图 3-87 的风环境模拟结果。

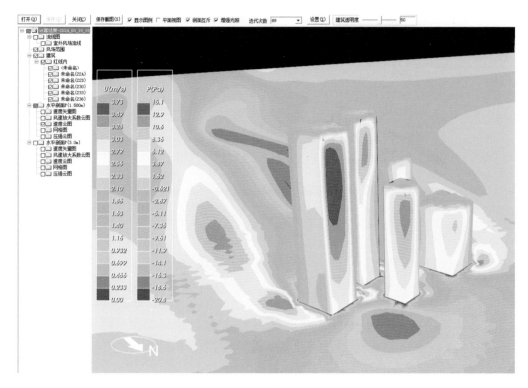

图 3-87 风环境模拟结果

3.2.3 Rhino

1. 数据可视化分析

数据可视化是将地形数据以各种图形形式(如等高线图、地形曲面、彩色高程图等)呈现,便于设计师直观地理解地形地貌。Bison 插件专为 Rhino 及 Grasshopper 设计,功能包括对地形的坡度、坡向、高程变化、地形剖面等关键地形特征进行分析。支持复杂场地操作(例如地形编辑、地形生成、地形融合等),可以根据设计需求调整或创建理想地形模型。

Grasshopper 与其他插件集成还可以实现日照分析、视线分析、水文分析、植被分布模拟等对相关场地因素的评估,与 Rhino 生态系统内的其他插件(如 RhinoCFD、Radiance 等)协同工作,进行风洞模拟、声学测试等更为专业的环境模拟分析,帮助用户对景观场地模型进行深入研究和设计。

(1)Bison 高程分析如图 3-88 所示。

(2)Bison 坡向分析如图 3-89 所示。

(3)Bison 坡度分析如图 3-90 所示。

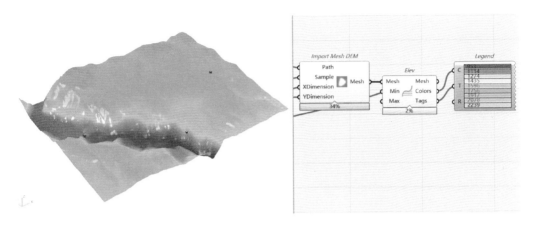

图 3-88 Bison 高程分析

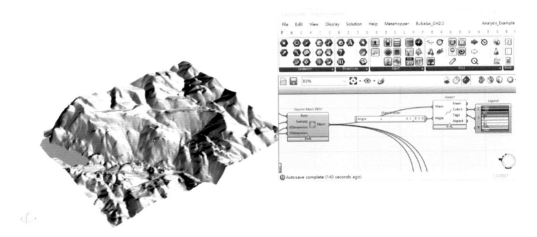

图 3-89 Bison 坡向分析

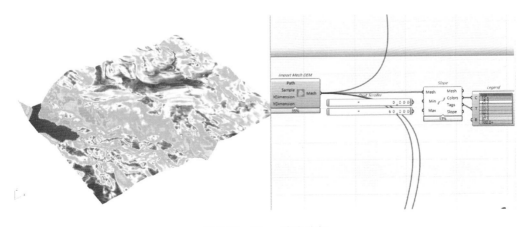

图 3-90 Bison 坡度分析

（4）Bison 视线分析如图 3-91 所示。

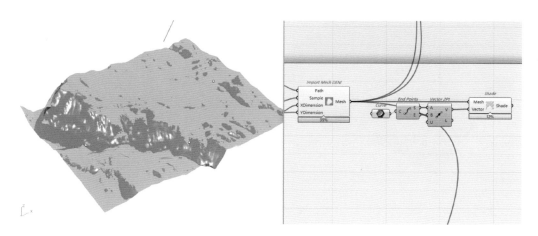

图 3-91　Bison 视线分析

（5）Bison 汇水分析如图 3-92 所示。

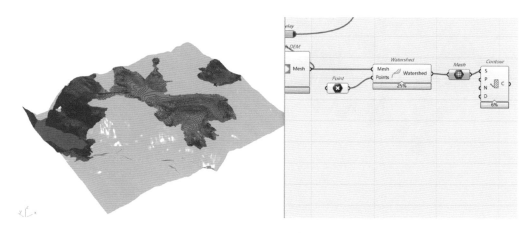

图 3-92　Bison 汇水分析

（6）Bison 坡度定量分析如图 3-93 所示。

（7）Bison 挖填方定量分析如图 3-94 所示。

（8）Bison 地形修改。

① 图 3-95 为原始地形曲面。

② 点击干预命令或路径生成命令，效果如图 3-96 所示。

③ 点击区域平整或拉伸命令，效果如图 3-97 所示。

④ 点击线干预或线拉伸命令，效果如图 3-98 所示。

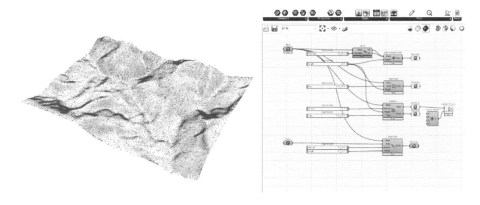

图 3-93 Bison 坡度定量分析

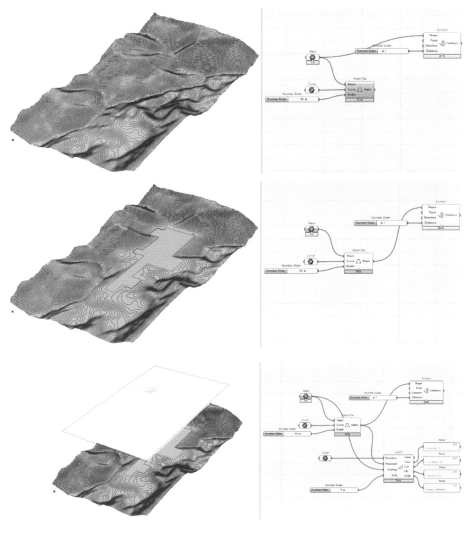

图 3-94 Bison 挖填方定量分析

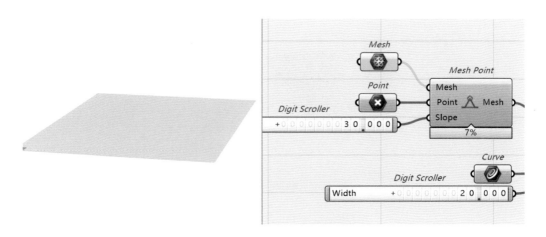

图 3-95　原始地形曲面

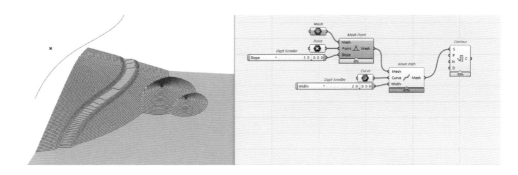

图 3-96　路径生成

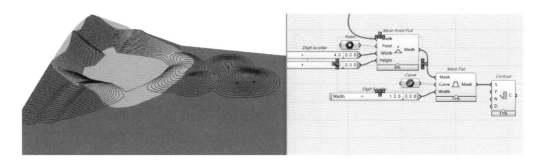

图 3-97　区域平整

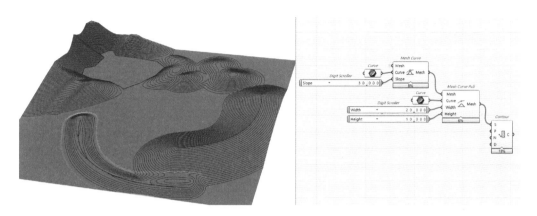

图 3-98　线干预

2．Ladybug 环境模拟日照时长

根据 Rhino 模型计算一段时间内太阳直射到物体表面的总时长，可以用开源的场地气象数据计算，也可以手动定义气象数据。遮挡物尽可能简化成单一的几何体，项目竖向整体起伏不大的可用平面地形代替，方便运算。

（1）在 Grasshopper 软件中，将 Boolean Toogle 接入 LB EPWmap，设置为"True"后跳转到 LB EPWmap 页面（图 3-99）。

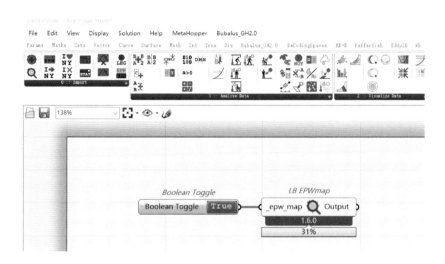

图 3-99　跳转到 LB EPWmap 页面

（2）下载所在地区的气象数据文件（图 3-100）。

（3）读取刚才下载好的气象数据文件，设定计算的起始和终止时间（图 3-101、图 3-102）。

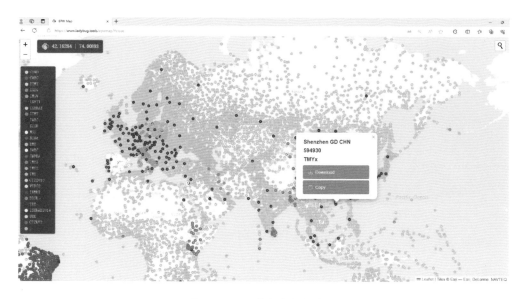

图 3-100　下载气象数据资料

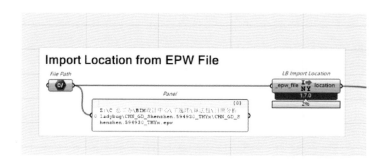

图 3-101　读取气象数据资料

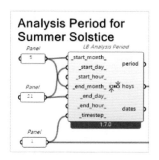

图 3-102　设定计算的起始和终止时间

（4）将上一步读取到的位置信息和时间信息分别接入 Location 和 Hoys 端口，生成太阳轨迹示意图（图 3-103），注意这里 north 端口接入的是 Y 轴方向与正北方向的夹角。

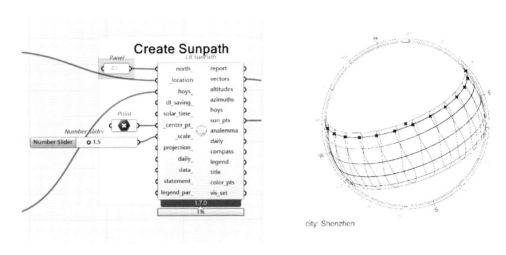

图 3-103　生成太阳轨迹示意图

在此过程中，需要单独设置日球的显示模式（图 3-104）。

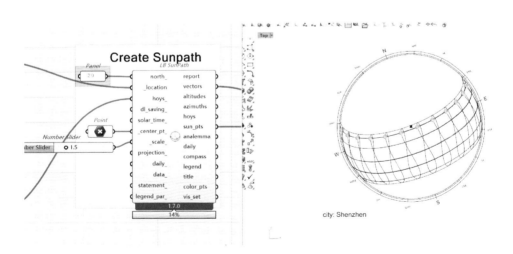

图 3-104　设置日球的显示模式

（5）将接收面和遮挡面分别连入 Geometry、context 接口，grid_size 接口设置合适的像素格长度（如果像素格太细密会造成计算时间过久），接入 Boolean Toogle 开始计算（图 3-105）。

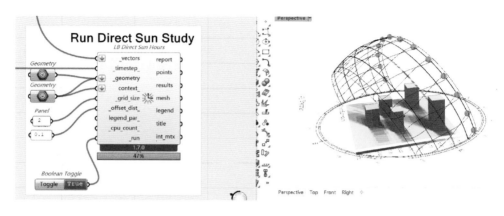

图 3-105　接入 Boolean Toogle 开始计算

3. Butterfly 环境模拟风环境

Butterfly 是一个完全内置于 Grasshopper 的借助 OpenFOAM 进行通风模拟的 CFD 软件，是 Ladybug Tools 开发团队开发的一系列环境分析模拟软件之一，它可以帮助我们在 Grasshopper 环境下进行基础室内外通风的计算。

（1）运行 Butterfly 需要下载 blueCFD，可直接在官网下载安装（图 3-106）。

图 3-106　blueCFD 下载

（2）简化 Rhino 计算模型，尽量简化需要计算的物体，单位必须为米，另外需要清理模型中不能被选入计算的物件（比如曲线）。

（3）通过 Create Butterfly Geometry 给建筑物加上通风模拟属性（图 3-107），并且链接模型（图 3-108）。以几何名称、几何建筑链接需要进行模拟的项目，除此之外皆可以保持默认设置。

图 3-107　添加通风模拟属性

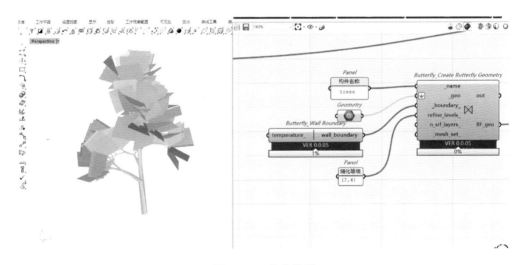

图 3-108　链接模型

（4）通过 Create Case from Tunnel 创建风洞边界（图 3-109），这里我们注意要在 wind-vector 修改风速、风向的向量值，在 tunnel-params 修改风洞边界的大小，在 ref-wind-height 修改风速的参考高度，这里我们改为 1.8 米，如果不修改，默认是 10 米。这里我们以风速 2.9 米/秒为例，风向向量默认为 0，1，0。接着修改边界域高度、宽度等（图 3-110）。

（5）在上一步生成的风场内部放置一个参考点，用 blockMesh 和 snappy-

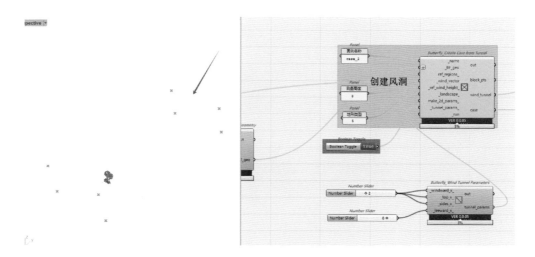

图 3-109　创建风洞

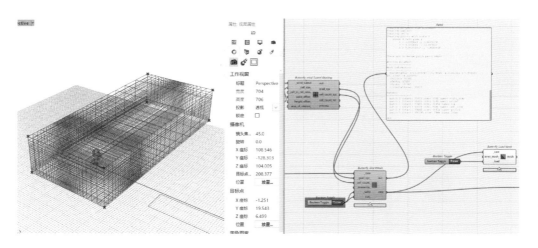

图 3-110　修改边界域参数

HexMesh 电池设置网格(图 3-111),网格划分会用到 CFD 软件 OpenFOAM 的相关参数:使用 Butterfly 工具或与其兼容的网格生成器自动生成适合 CFD 模拟的计算网格。这一步骤需要确保网格的质量足够高,特别是在建筑物周围和影响风环境的关键区域。

(6)建立可视化网格是正式计算前重要的一步(图 3-112),主要是检验生成的风场和物体表面 snappyHexMesh 网格的质量,确认无误后可以关闭显示,进入正式的风环境模拟计算。

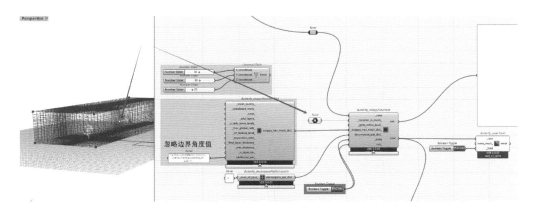

图 3-111 设置网格

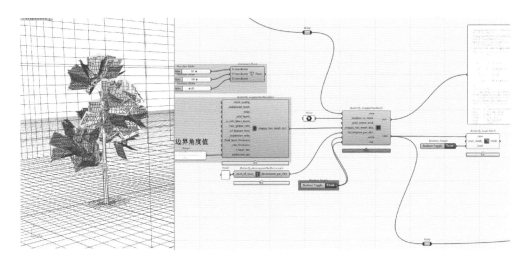

图 3-112 建立可视化网格

（7）拾取计算结果面、修改湍流公式、修改迭代次数，用 honeybee test point 生成计算网格（图 3-113），此处可以调节计算网格的大小、尺寸、数量（图 3-114），进行 CFD 计算（图 3-115）。

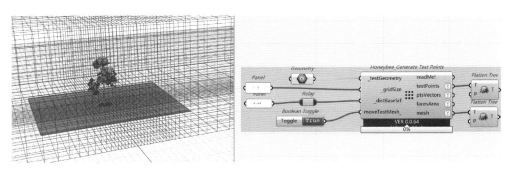

图 3-113 用 honeybee test point 生成计算网格

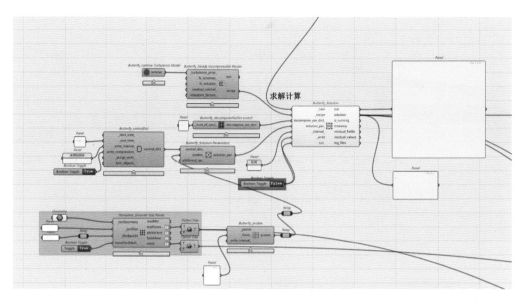

图 3-114　调节计算网格的大小、尺寸、数量

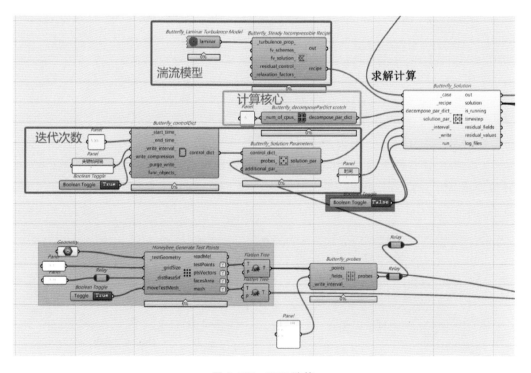

图 3-115　CFD 计算

（8）计算成功后就得到可视化结果了（图 3-116），选择 butterfly load probe val-ue，即可获取每个点的风速值。借助之前生成的测试点，我们可以使用 Grasshopper 自带的 vector preview 进行简单的向量可视化操作，也可以借助 Ladybug 的 recolor mesh 生成室外风速图（图 3-117）。

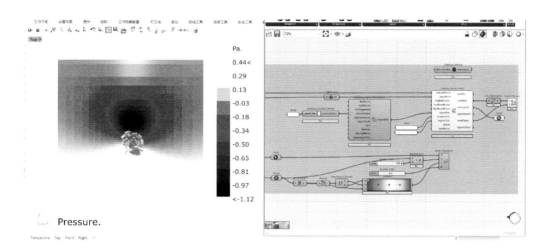

图 3-116　可视化计算结果

图 3-117　生成室外风速图

（9）Butterfly 的每一次计算，文件夹中会出现一个 foam 文件，用 ParaView 打开后可获得更好的风场、风速、风压可视化成果（图 3-118）。

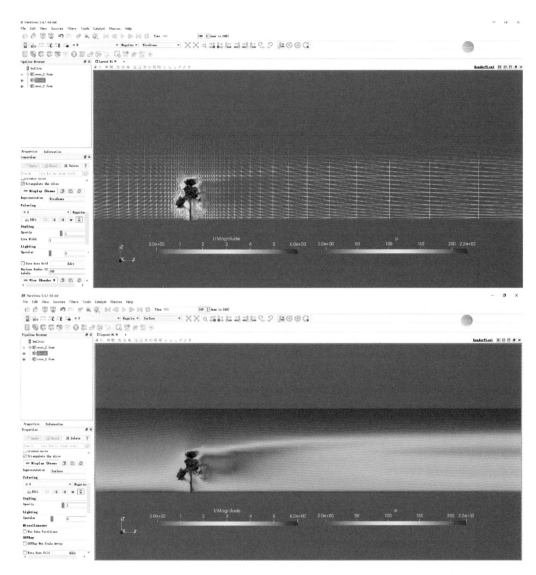

图 3-118　风场、风速、风压可视化成果

3.3　场地地形平整与土方计算

根据前文介绍的曲面生成方法，按项目实际情况创建原始与设计的曲面，再对两者进行体积比较，即可得到土方挖填量。

（1）点击一个需要做土方计算的曲面，点击"体积面板"（图 3-119）。

图 3-119　体积面板

（2）点击"创建曲面"，为新生成的第三个曲面修改名称，"基准曲面"选择原始曲面，"对照曲面"选择设计曲面，再点击"确定"（图 3-120），则得出两个曲面之间的填挖量（图 3-121）。

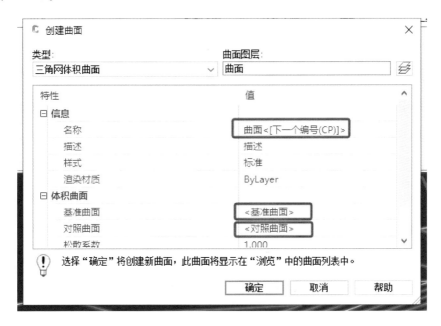

图 3-120　创建曲面

图 3-121　填挖量计算

（3）在"分析"选项卡下，点击"创建土方施工图"（图 3-122），根据实际需求修改设置（图 3-123），最终生成的土方图如图 3-124 所示。

图 3-122　创建土方施工图面板

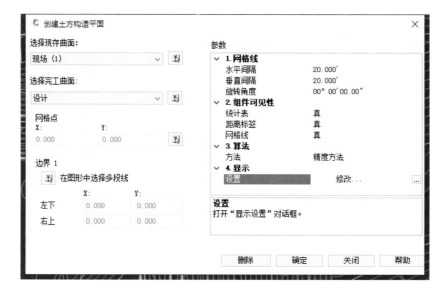

图 3-123　创建土方施工图参数设置

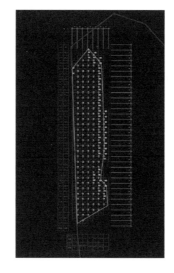

图 3-124　生成土方图

3.4　场地道路设计

3.4.1　Civil 3D

道路可能是 Civil 3D 工程设计中最复杂、数据最丰富的对象之一。道路设计涉及多方面和大量的数据，包括但不限于路线几何、纵断面及横断面设计、道路部件和装配件、材料需求以及与其他工程对象的交互。

（1）创建路线。使用路线布局工具创建路线：单击"工具空间"→"路线"→"路线创建工具"→"创建路线-布局"→设置路线名称、类型、场地、路线样式和路线标签集→"路线布局工具"→选择所需工具创建路线（图 3-125～图 3-127）。

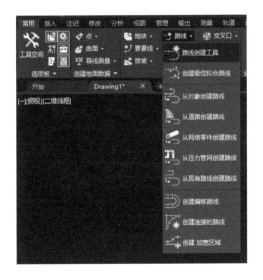

图 3-125　创建路线面板

图 3-126　创建路线常规设置

图 3-127　路线布局

（2）创建曲面：详见本章 3.1.2 节内容。

（3）创建纵断面：点击"工具空间"→"纵断面"→"创建曲面纵断面"→在"从曲面创建纵断面"面板中选择路线和曲面→"添加"→"在纵断面图中绘制"→设置所需参数→出现"创建纵断面图"对话框→放置纵断面图→"纵断面创建工具"→选择纵断面图→出现"创建纵断面"对话框，设置好路线名称和纵断面样式后，点击"确定"，弹出"纵断面布局工具"，便可开始绘制纵断面了（图 3-128～图 3-132）。

图 3-128 创建纵断面面板

图 3-129 从曲面创建纵断面

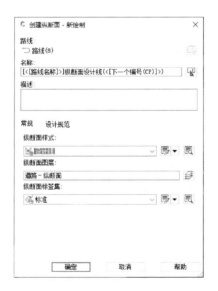

图 3-130　创建纵断面基本设置

图 3-131　创建纵断面常规设置

图 3-132　纵断面布局

（4）创建装配：利用系统已经创建好的基本道路，对其参数进行修改，选择选项板中的"工具空间"→"装配"→选择所需的装配部件（图 3-133）。

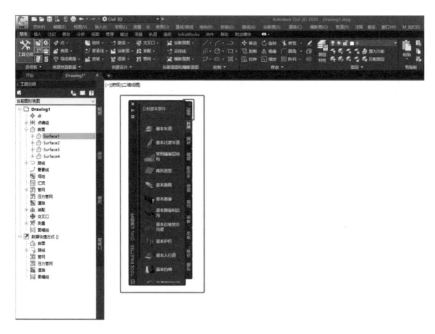

图 3-133　装配选项面板

选择图中放置的装配部件，单击鼠标右键，打开"装配特性"修改参数（图 3-134～图 3-136）。

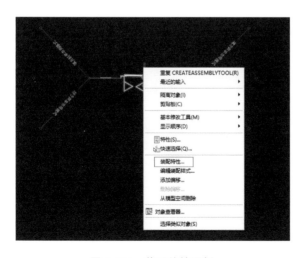

图 3-134　装配特性面板　　　　**图 3-135　修改装配特性参数**

（5）创建道路模型：点击创建设计中"道路"→"创建道路"→设置道路名称，选择路线、纵断面及装配→单击"确定"，生成道路模型（图 3-137）。

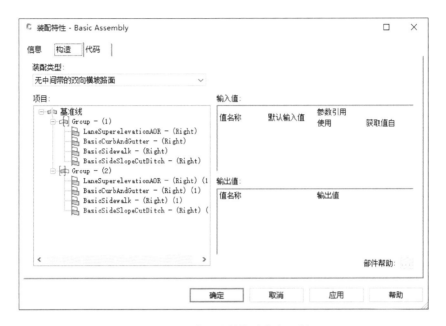

图 3-136 装配特性构造参数面板

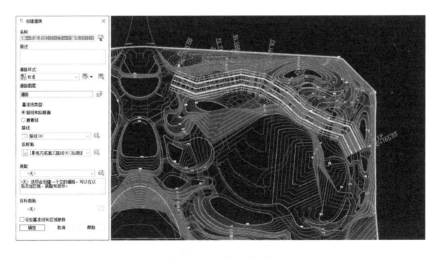

图 3-137 创建道路

3.4.2 Rhino

Rhino 中的 Bison 插件并不是一款专业的道路设计软件，但它强大的方案和可视化功能可以帮助设计师轻松上手，对地形和道路进行修改和编辑。

（1）地形创建：图 3-138 所示为读取 DEM 格式生成的原始地形曲面。打开等高线显示，方便观察地形的细微变化（图 3-139）。

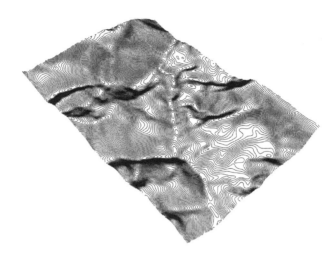

图 3-138　原始地形曲面

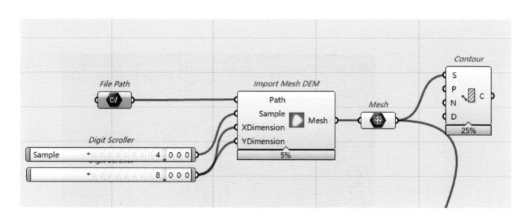

图 3-139　打开等高线显示

（2）线干预/路径生成：给定路径曲线，Bison 可以帮助将其投影至地形面，生成一个平整的道路路径效果（图 3-140）；打开等高线显示（图 3-141），方便观察地形的变化情况。

（3）道路横断面设计：以指定间隔沿着路径曲线做连续剖面（图 3-142），输出剖面图并展开到 YZ 平面（图 3-143）。

（4）道路横断面导出：将连续横断面以剖面图的方式展开到 XY 平面（图 3-144），将 Section Serial 线性剖面接入 Section To XY，输出 Section cuts、XYplanePlaneFrom 至目标平面（图 3-145）。

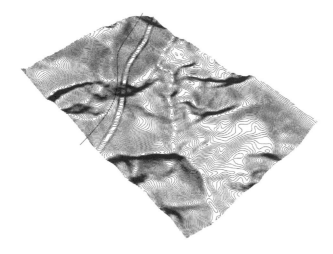

图 3-140　生成道路路径

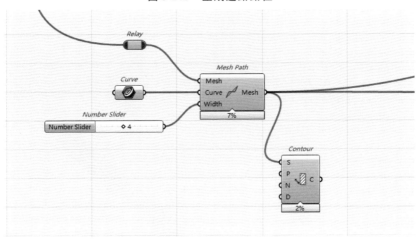

图 3-141　打开等高线显示

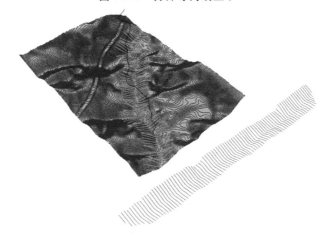

图 3-142　沿着路径曲线做连续剖面

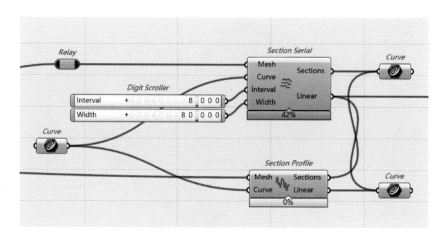

图 3-143　输出剖面图并展开到 **YZ** 平面

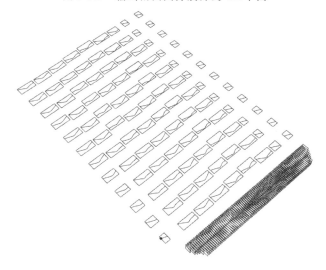

图 3-144　将连续横断面以剖面图的方式展开到 **XY** 平面

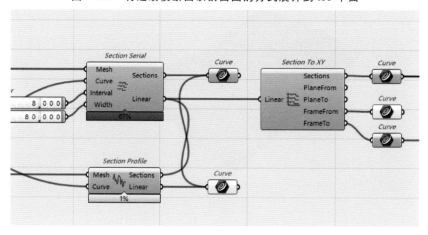

图 3-145　输出 Section cuts、**XYplanePlaneFrom** 至目标平面

第4章　景观单体模型设计

在创建 BIM 模型前,我们需要了解 BIM 软件 Revit 的基本特性。

1. 项目

Revit 中的项目文件包含了建筑的所有设计信息(完整的三维建筑模型,所有设计视图——平面图、立面图、剖面图,大样节点,明细表等施工图纸)。重要的是,一个项目中的所有信息之间都保持了关联关系,可做到"一处修改,处处更新"。

2. 图元

Revit 中有三种图元类型:基准图元、模型图元、视图专有图元。

基准图元由参照平面、轴网、标高组成(图 4-1)。

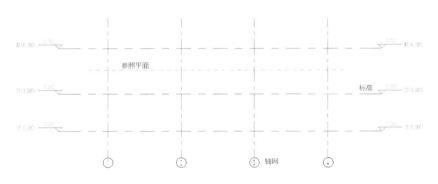

图 4-1　Revit 基准图元

参照平面:可以使用"参照平面"工具来绘制参照平面,以用作设计准则。在创建族时,参照平面是一个非常重要的部分。参照平面会出现在为项目所创建的每个新平面视图中。

轴网:轴网是可帮助整理设计的注释图元,用于帮助定位项目中的构件。轴线是有限平面,可以在立面视图中拖曳其范围,使其不与标高线相交,这样,便可以确定轴线是否出现在为项目创建的每个新平面视图中。轴网可以是直线、圆弧或多段的。

Revit 会自动为每个轴网编号。若要修改轴网编号,可单击编号,输入新值,然后按 Enter 键确认(图 4-2)。也可以使用字母作为轴线的值。如果将第一个轴网编号修改为字母,则所有后续的轴线将进行相应更新。

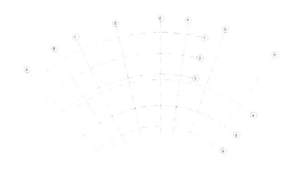

图 4-2 Revit 轴网

在绘制轴线时,可以让各轴线的头部和尾部相互对齐。如果轴线是对齐的,则选择轴线时会出现一个锁以指明对齐。如果移动轴网范围,则所有对齐的轴线都会随之移动。

标高:使用"标高"工具,可定义垂直高度或建筑内的楼层标高(图 4-3)。若要添加标高,则必须处于剖面视图或立面视图中。

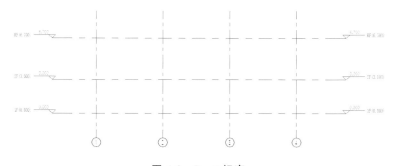

图 4-3 Revit 标高

标高是有限水平平面,用作屋顶、楼板和天花板等以标高为主体的图元的参照。复制现有标高时将不创建对应的平面视图。

当放置光标以创建标高时,如果光标与现有标高线对齐,则光标和该标高线之间会显示一个临时的垂直尺寸标注。

在选项栏上,默认情况下"创建平面视图"处于选中状态,因此,所创建的每个标高都是一个楼层,并且关联楼层平面视图和天花板投影平面视图。如果在选项栏上单击"平面视图类型",则仅可以选择创建在"平面视图类型"对话框中指定的视图类型。如果取消了"创建平面视图",则认为标高非楼层的标高或参照标高,并且不创建关联的平面视图。墙及其他以标高为主体的图元可以将参照标高用作自己的墙顶定位标高或墙底定位标高。

当绘制标高线时,标高线的头和尾可以相互对齐。选择与其他标高线对齐的标高线时,将会出现一个锁以显示对齐。如果水平移动标高线,则全部对齐的标高线会随之移动。在立面视图中,标高是否与轴网相交,决定了在相应标高视图中是否显示轴网。如图 4-4 所示,在标高 RF 平面视图中将不显示这两个轴网。

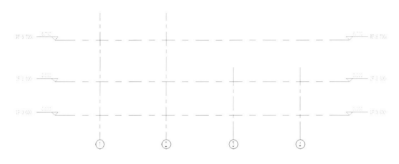

图 4-4　**Revit 轴网可视性调整**

4.1　创建建筑物 BIM 模型

4.1.1　创建新项目

选择"新建"→"项目"命令,打开"新建项目"对话框,选择"建筑样板",单击"确定",新建项目文件(图 4-5)。

图 4-5　新建建筑样板选项面板

4.1.2　创建标高

在 Revit 中,"标高"命令必须在立面视图和剖面视图中才能使用,因此在正式开始项目设计前,必须事先打开一个立面视图。在项目浏览器中展开"立面"项,双击视图名称"南立面"进入南立面视图(图 4-6)。

图 4-6　选择南立面视图

通过修改标高(楼层)名称,调整标高层高,绘制新标高等(图 4-7、图 4-8),创建如下标高。

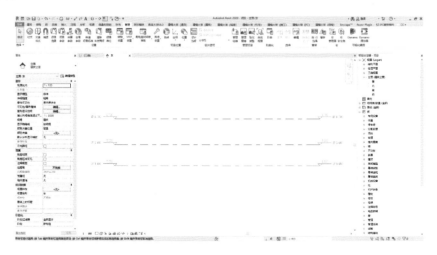

图 4-7　创建标高

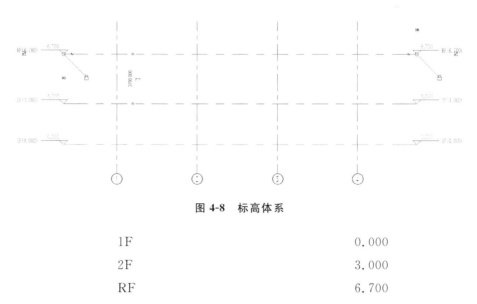

图 4-8　标高体系

1F	0.000
2F	3.000
RF	6.700

需要注意的是,在 Revit 中复制的标高是参照标高,因此新复制的标高与标头都以黑色显示,在项目浏览器中的"楼层平面"项下也没有创建新的平面视图,而且标高与标头之间有干涉。

4.1.3　创建轴网

在 Revit 中,轴网只需要在任意一个平面视图中绘制一次,其他平面视图和立面视图、剖面视图中都将自动显示轴网。

可以直接创建轴网,还可以通过复制、阵列等方法创建。可在类型选择器下选择合适的轴网类型,也可以通过编辑类型属性创建新的轴网类型(图 4-9)。

注意:①平面视图轴号端点 1 为绘制轴线的起点,2 为终点;②掌握控制轴线端点编号显示的方法,设置轴线样式、颜色等的方法,了解轴线自动编号的特性及更改编号的方法等;③尺寸标注可以复制到其他视图;④注意在轴网绘制完成后调整立面视图的轴线。

需要重点注意的是,立面视图中轴线与标高是否相交决定了轴网影响范围,要注意相应标高平面视图上是否显示轴网。

依照轴线画法完成轴网,如图 4-10 所示,横向轴网的间距分别为 3000,3000,3000,3580,2420,3000;纵向轴网的间距分别为 2900,3000,3000,3000,6000。

图 4-9 轴网类型属性设置

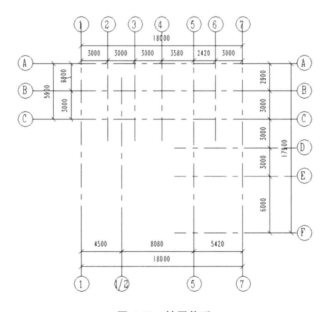

图 4-10 轴网体系

4.1.4　创建柱和梁

在 Revit 中，柱分为结构柱和建筑柱（图 4-11）。

图 4-11　Revit 柱选项面板

结构柱具有一个可用于数据交换的分析模型，建筑师通常提供的图纸和模型包含轴网和建筑柱。可通过以下方式创建结构柱：手动放置每根柱或使用"在轴网处"工具将柱添加到选定的轴网交点（图 4-12）。可以在平面或三维视图中创建结构柱。在添加结构柱之前设置轴网

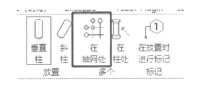

图 4-12　柱布置在轴网处

很有帮助，因为结构柱可以捕捉到轴线。下文详细介绍放置柱的步骤。

（1）在功能区上单击"结构柱"。"结构"选项卡→"结构"面板→"柱"；"建筑"选项卡→"构建"面板→"柱"下拉列表→"结构柱"。

（2）在"属性"选项板上的"类型选择器"下拉列表中选择一种柱类型。

（3）在选项栏上指定下列内容："放置后旋转"，选择此选项可以在放置柱后立即将其旋转；"标高"（仅限三维视图），为柱的底部选择标高，在平面视图中，该视图的标高即为柱的底部标高；"深度"，此设置是从柱的底部向下绘制，若要从柱的底部向上绘制，请选择"高度"；"标高/未连接"，选择柱的顶部标高，或者选择"未连接"，然后指定柱的高度。

（4）单击以放置柱，柱可捕捉到现有几何图形，放置在轴网交点时，两组网格线将亮显。

可以使用建筑柱围绕结构柱创建柱框外围模型，并将其用于装饰应用。建筑柱将继承连接到的其他图元的材质，墙的复合层包络建筑柱，但这并不适用于结构柱。

4.1.5 创建墙

1. 创建结构墙

（1）在结构面板中点击墙工具，可创建结构墙图元（图 4-13）。

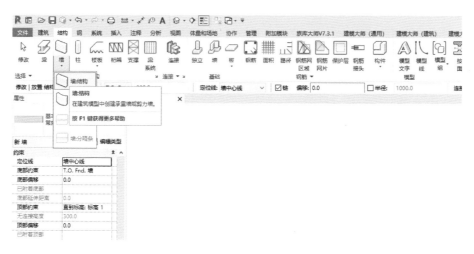

图 4-13　创建结构墙图元

（2）在类型属性中对结构墙进行设置，包括墙的厚度、面层构造、材质等信息（图 4-14、图 4-15）。

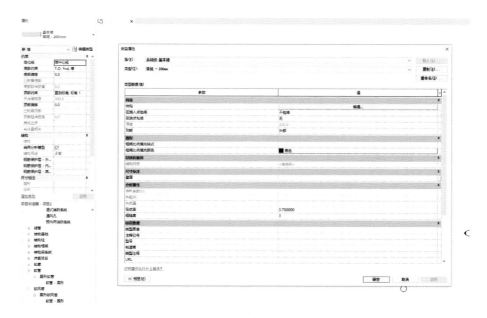

图 4-14　结构墙类型属性面板

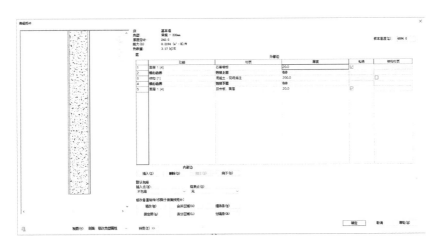

图 4-15　修改结构墙类型属性

（3）在完成属性定义之后，便可直接绘制相应墙体。绘制墙体主要有两类方式：一类是基于线的，一类是基于面的。基于线的方式包括创建线、拾取线；基于面的方式需要先建立三维体，然后基于三维体拾取面，以建立墙体（图 4-16、图 4-17）。

图 4-16　结构墙布置方式选择

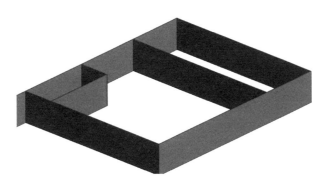

图 4-17　结构墙布置

（4）然后在属性面板中可对墙体的高度进行调整（图 4-18）。

2. 创建建筑墙

（1）在建筑面板选项卡中点击墙工具，建立建筑墙（图 4-19）。

图 4-18　结构墙标高调整

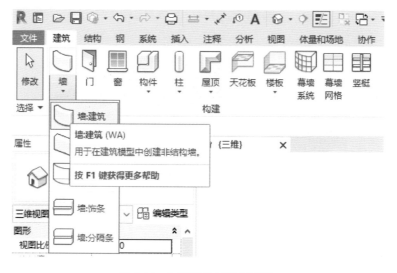

图 4-19　创建建筑墙选项面板

（2）在类型属性中对建筑墙进行设置，包括墙的厚度、面层构造、材质等信息（图 4-20）。

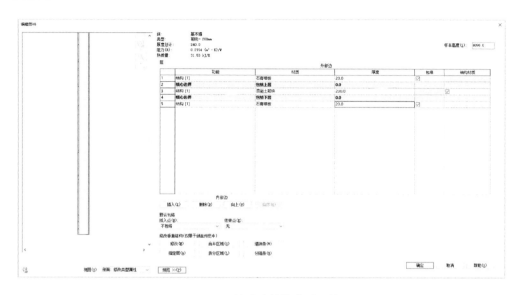

图 4-20　修改建筑墙类型属性

（3）在完成属性定义之后，便可直接绘制相应墙体。绘制墙体主要有两类方式：一类是基于线的，一类是基于面的。基于线的方式包括创建线、拾取线；基于面的方式需要先建立三维体，然后基于三维体拾取面，以建立墙体（图 4-21、图 4-22）。

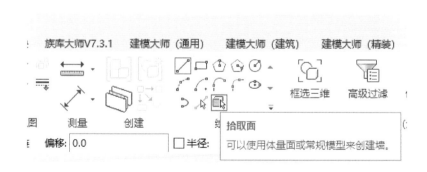

图 4-21　建筑墙创建方式选择

（4）基于墙"分隔条"工具可创建墙的踢脚线（图 4-23）。

4.1.6　布置门和窗

在墙体建立完成之后，再对墙上的门和窗进行布置。

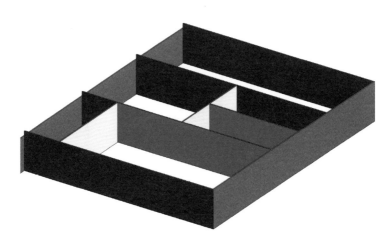

图 4-22　建筑墙创建

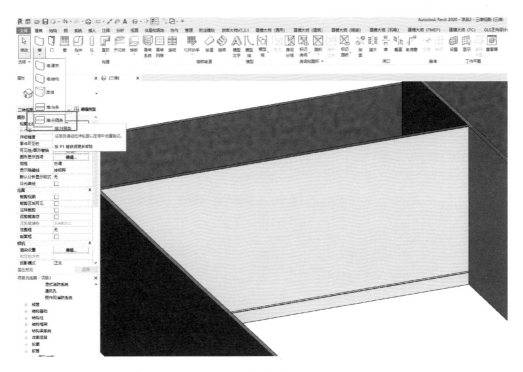

图 4-23　创建建筑墙踢脚线

1. 布置门

（1）在建筑选项面板下点击门工具，布置门（图 4-24）。

（2）对门的类型属性进行编辑修改，包括门的宽度、高度及材质（图 4-25）。

（3）在属性面板中对门的标高进行调整（图 4-26）。

图 4-24 创建门选项面板

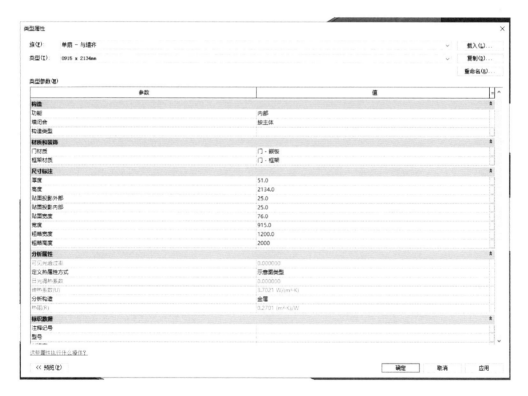

图 4-25 修改门的类型属性

2. 布置窗

（1）在建筑选项卡面板中点击窗，建立窗模型（图 4-27）。

（2）在窗的属性面板中，对窗的属性进行编辑修改，包括窗的宽度、高度及材质等信息（图 4-28）。

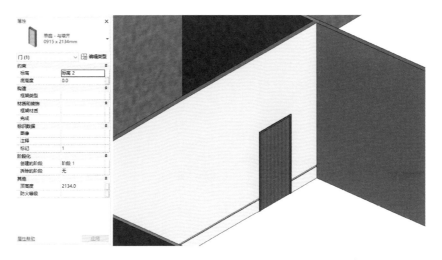

图 4-26　调整门的标高

图 4-27　创建窗选项面板

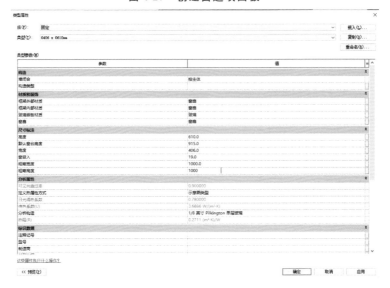

图 4-28　修改窗的类型属性

（3）在属性面板中对窗台的标高进行调整（图 4-29）。

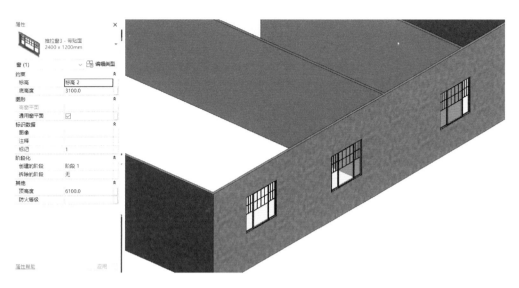

图 4-29　调整窗台标高

4.1.7　绘制楼板

（1）在结构选项面板中点击楼板工具，创建结构楼板（图 4-30）。

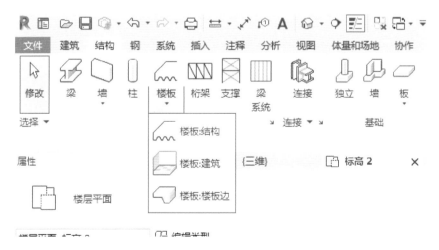

图 4-30　创建楼板选项面板

（2）在属性面板中，修改楼板属性，包括楼板名称、材质、厚度等（图 4-31）。

（3）通过边界线编辑楼板边界并创建楼板（图 4-32、图 4-33）。

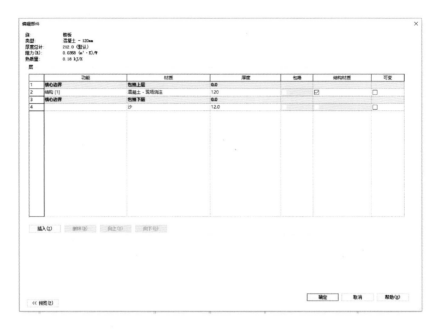

图 4-31　修改楼板类型属性

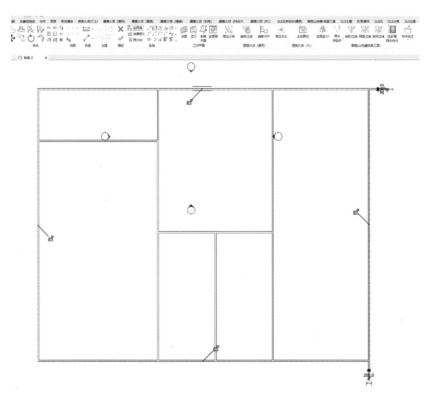

图 4-32　编辑楼板边界

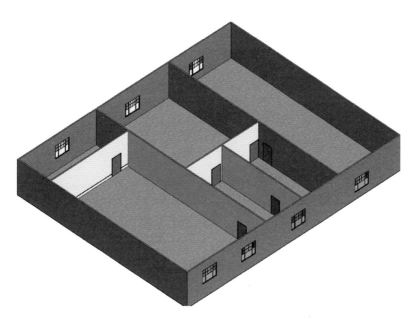

图 4-33　创建楼板

4.1.8　绘制楼梯和栏杆

（1）在建筑选项面板中点击楼梯工具，可建立楼梯及栏杆（图 4-34）。

图 4-34　创建楼梯选项面板

（2）在属性面板中，可通过调整顶部标高及底部标高调整楼梯的高度，通过修改所需踏步数及踢板深度调整楼梯踏步高度及宽度，然后通过调整最小梯段宽度来调整楼梯的宽度（图 4-35～图 4-37），也可通过在平面图中拖曳来手动调节梯段宽度。

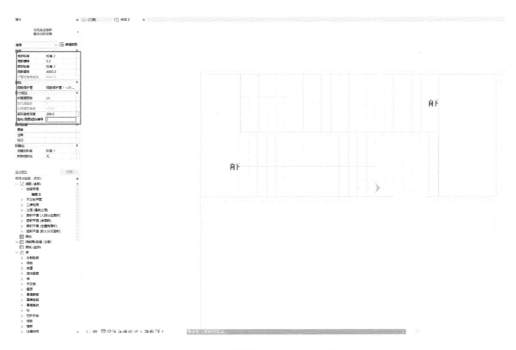

图 4-35　楼梯位置及尺寸设置

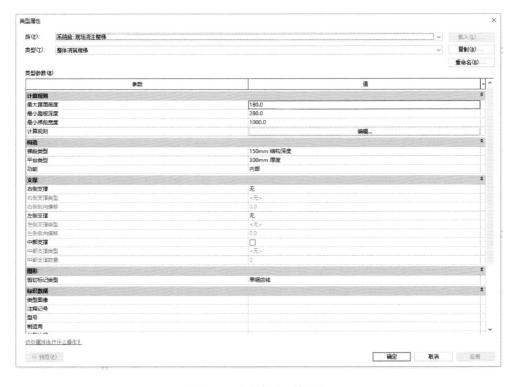

图 4-36　楼梯类型属性设置

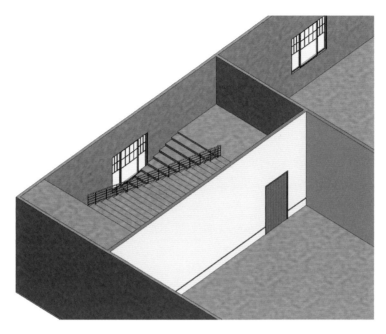

图 4-37　楼梯布置

4.2　创建景观构筑物 BIM 模型

景观构筑物是指在城市公共空间（如公园绿地、庭院、景区等）等景观环境中设置的具有一定功能性和装饰性的小型建筑或构筑物。它们不仅有助于提升景观的整体美感，还具备实际的功能用途，如提供游客休息、遮阳避雨、观景眺望、路径指引的空间等功能。

景观构筑物主要包括交通设施（如坡道、坡阶、台阶、小桥等）、亭廊花架、亮化设施、标识性构筑物、围护类设施（如入口、墙体、大门、护栏等）及功能类构筑物设施（如入口、采光棚等）。这些设施在景观设计中十分常用，并且各自具有独特的功能和景观效果。

BIM 技术在景观构筑物设计与施工中的应用，使得构筑物的设计、施工、运营维护更加精细化、协同化和智能化。

下文以创建廊架为例进行解析。

（1）根据设计图纸可知，廊架主体主要由以下几部分组成：廊架顶棚、主体结构及基础结构部分（图 4-38）。根据以上组成部分分别创建模型。

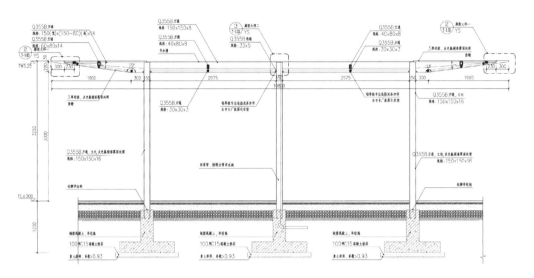

图 4-38　廊架图纸

（2）根据项目需求，设置好项目的尺寸单位、视图范围、工作平面等基础参数。

（3）创建轴网和标高：根据景观设计图纸，使用轴网和标高工具，确定廊架的位置和高度。

（4）构建廊架主体：利用梁、柱等建筑构件工具，创建廊架的主体结构（图 4-39）。根据设计需求，调整柱子的高度、位置和间距，以及横梁的长度和位置。

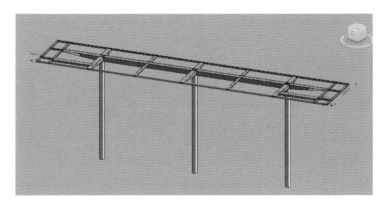

图 4-39　廊架 Revit 模型

（5）构建廊架基础结构：根据设计图纸，载入相对应的基础族，复制新建基础类型，修改基础尺寸，可载入条形基础，在此基础上复制修改成设计规格，达到相对应的效果（图 4-40）。

（6）添加细节及装饰：根据设计图纸，为廊架添加装饰板（图 4-41、图 4-42）。

图 4-40 修改廊架基础类型属性

图 4-41 添加廊架装饰板

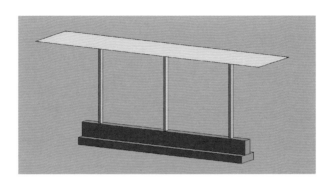

图 4-42　廊架装饰板

4.3　创建景观小品 BIM 模型

景观小品是城市公共空间、居住区环境及其他各类户外空间中，具有一定装饰性、艺术性和功能性的小型构筑物或艺术品。它们往往融合了艺术、文化、自然和工程技术元素，旨在提升空间品质、增强场所感并丰富人们的视觉和使用体验。很多时候，室外景观小品特指公共艺术品，包括建筑小品、生活设施小品和道路设施小品等多种类型。

下文以创建座凳为例进行解析。

（1）根据设计图纸可知，座凳主要由主体结构及基础结构部分组成（图4-43）。根据以上组成部分分别创建模型。

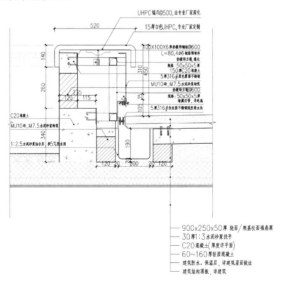

图 4-43　座凳 CAD 图纸

（2）利用族（栏杆扶手）工具，创建座凳主体结构的族（公制轮廓-扶栏、公制轮廓-竖）→根据设计需求，调整座凳的高度、龙骨结构的位置和间距，以及横梁的长度和位置，再载入模型里→编辑"属性"面板中的"编辑类型"（图 4-44）→编辑"扶栏结构（非连续）"及"栏杆位置"（图 4-45）→在"轮廓"中选择对应的族并设置材质（图 4-46、图 4-47），最终得到座凳模型（图 4-48）。

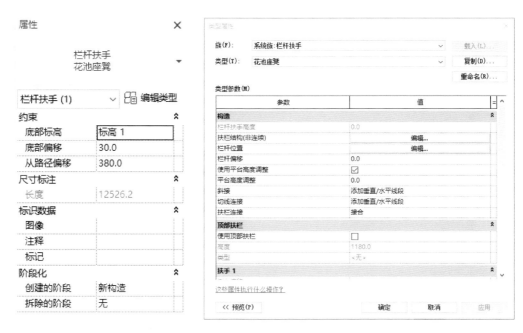

图 4-44　栏杆选项面板　　　　　　　　图 4-45　编辑栏杆类型属性

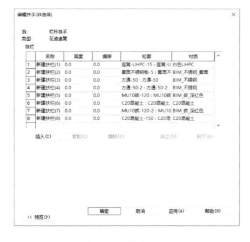

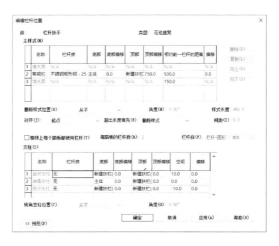

图 4-46　编辑扶手　　　　　　　　　　图 4-47　编辑栏杆位置

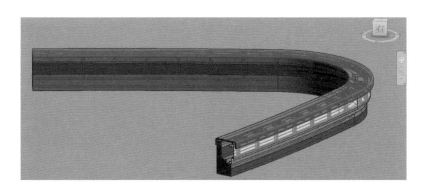

图 4-48 座凳模型

4.4 创建景观铺装 BIM 模型

4.4.1 平面铺装

在景观设计的范畴里,景观平面铺装与建筑设计中室内楼板的均匀平整有所不同。由于户外环境的特殊性,景观铺装设计不仅要考虑美学表达、功能性的需求,还要顾及自然条件的影响,比如地形地貌、排水需求及耐候性等因素。同时,鉴于室外景观的美观性需求,同一区域内可能会混合使用多种铺装材质,可通过将楼板模型细分为多个具有不同材质属性的零件来进行表现。每个零件都代表一种铺装材料,可以在"零件可见性"选项中灵活切换和管理各个铺装材质的表现,实现从宏观布局到微观纹理的精确展示。整体而言,景观铺装的建模工作可以分解为两个关键部分:一是零件面层的设定,包括不同材质的厚度、选择、颜色纹理的贴附以及按设计图案进行拼接;二是面层以下的楼板构造做法的设计,两者相结合,才能创造出既美观又实用的景观地面铺装效果。

(1)导入景观 CAD 底图,新建楼板类型,获取铺装的边界线,调整楼板厚度。以创建楼板的形式创建铺装(图 4-49)。

(2)根据图纸竖向设计数据编辑楼板,修改子图元以调整竖向标高,也可以通过添加点的形式细化竖向标高(图 4-50)。

(3)竖向调整完成后,把楼板原位复制一个,选择其中一个楼板,通过整体下降一个铺装面层厚度的高度,分成上下两层楼板(图 4-51)。

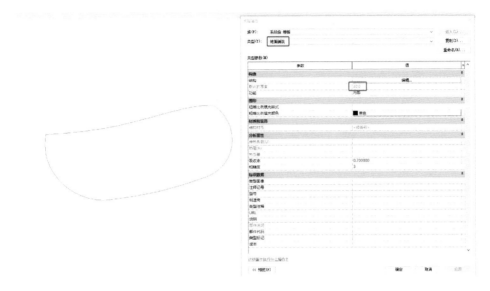

图 4-49　创建铺装

图 4-50　调整竖向标高

图 4-51　创建两层楼板

（4）在上层楼板通过点击"分割零件"创建零件（图 4-52）。

（5）根据设计分割地面铺装，调整铺装间隙（图 4-53）。

（6）选择需要修改材质的零件，点击"通过原始分类材质"修改材质（图 4-54），达到多种铺装材质结合的效果，最终完成铺装面层建模。

（7）将下层楼板复制并重命名新类型的楼板，然后根据设计修改结构分层，达到与图纸的构造做法一致，两者结合，最终完成景观铺装模型搭建（图 4-55）。

4.4.2　线性类型铺装

在景观中，线性类型的铺装主要有栏杆、道牙、收边、排水沟等，该类型的模型建模逻辑主要为将数个轮廓以及有一定间隔规律的模型单体，沿实际设计图纸的线性铺装二维平面路径进行放样。与建筑室内比较平整的楼板不一样，室外景观类的铺装不仅

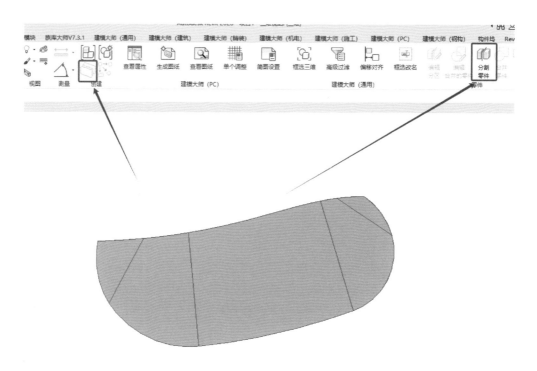

图 4-52　在上层楼板创建零件

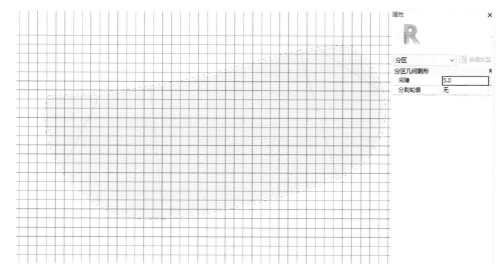

图 4-53　分割地面铺装

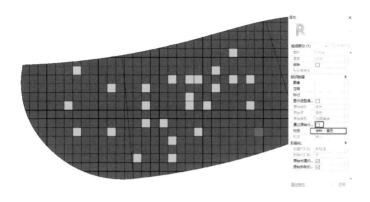

图 4-54　修改铺装材质

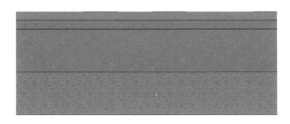

图 4-55　下层楼板结构分层

要关注其在水平面上的延伸变化,还需兼顾其与地形的竖向关系,这意味着模型应当随着地面的起伏变化而做出相应的高度调整,保持与整体地形的和谐统一,而"栏杆扶手"的创建命令完美符合其建模逻辑。

下面以景观中常见的排水沟为例进行操作解析。

(1) 把模型拆分为轮廓及支柱模式,根据设计设置底图,新建"栏杆轮廓-扶栏"族,绘制轮廓(图 4-56、图 4-57)。

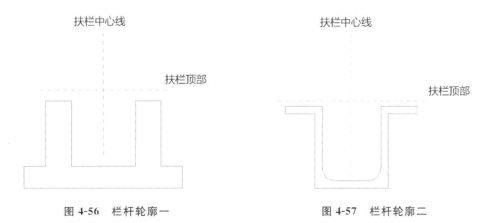

图 4-56　栏杆轮廓一　　　　　　　　　　　　图 4-57　栏杆轮廓二

（2）完成轮廓绘制后，选择将轮廓全部载入项目（图 4-58）。

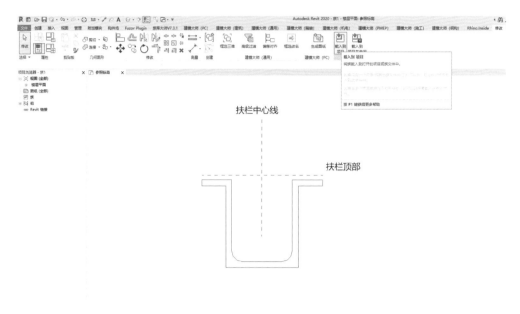

图 4-58 将栏杆轮廓载入项目

（3）载入的栏杆轮廓族可在项目浏览器族的选项下可见，支柱同理也可见（图 4-59）。

图 4-59 栏杆轮廓在项目浏览器下可见

（4）新建"公制栏杆-支柱"族，绘制石材盖板（图 4-60）。

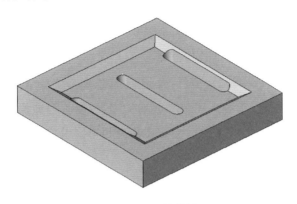

图 4-60　石材盖板

（5）重复以上步骤，将石材盖板载入项目。

（6）全部族完成后，可在栏杆扶手选项中将所有族整合在一起，组装完成排水沟栏杆族（图 4-61、图 4-62）。

图 4-61　编辑扶手　　　　　　　　　　　　　图 4-62　编辑栏杆位置

最终成品如图 4-63 所示。

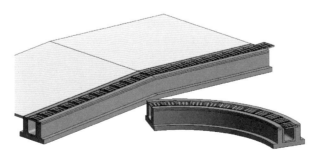

图 4-63　线性排水沟模型

4.5 创建景观栈桥 BIM 模型

景观栈桥作为一种特殊的交通设施与景观元素,其构成部分包括桥面、梁、柱、栏杆、扶手及支撑结构等核心组件,这些要素在某种程度上与建筑主体的结构设计具有相通之处,故在建模过程中可以借鉴建筑的建模逻辑。

下面以景观栈桥为例进行操作解析。案例栈桥以混凝土加钢结构组成,桥面由混凝土加压型钢板组成,结构部分均为钢梁、钢柱,另外还有栏杆、钢板收边等组成部分(图 4-64)。

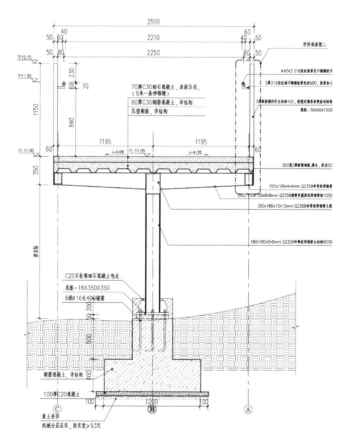

图 4-64 景观栈桥 CAD 图纸

(1)根据设计图纸上桥面的构造做法,新建桥面楼板(图 4-65)。

(2)使用已创建好的楼板,根据桥面边界线绘制桥面,同时调整栈桥竖向标高(图 4-66)。

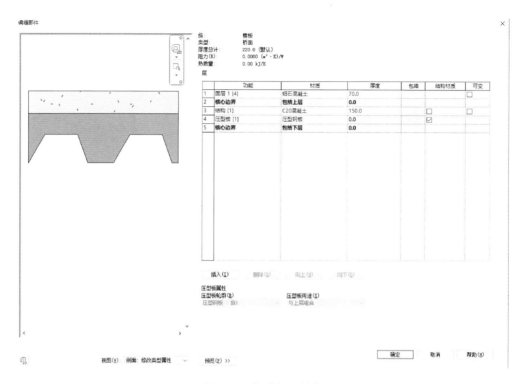

图 **4-65**　新建桥面楼板

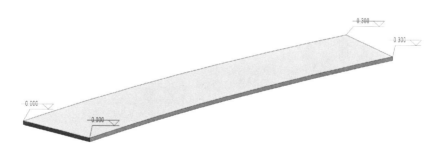

图 **4-66**　创建桥面边界并修改竖向标高

（3）根据设计图纸，载入相对应的梁族，复制梁类型，修改梁截面尺寸（图 4-67）。

（4）按照间隔布置钢梁，完成栈桥梁部分的布置（图 4-68）。

（5）根据设计图纸，载入相对应的柱族，新建柱类型，修改柱截面尺寸（图 4-69）。

（6）按照间隔布置钢柱（图 4-70）。

（7）根据设计图纸，载入相对应的基础族，复制新建基础类型，修改基础截面尺寸（图 4-71）。可载入三阶基础，在此基础上复制修改成设计规格，达到相对应的效果（图 4-72）。

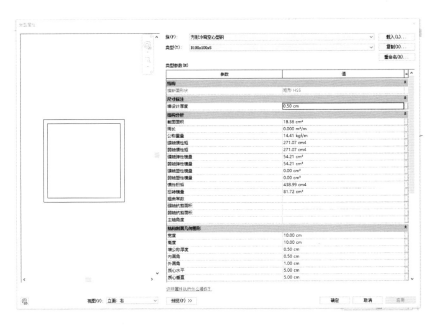

图 4-67 修改梁截面尺寸

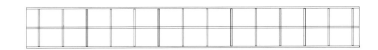

图 4-68 布置栈桥钢梁

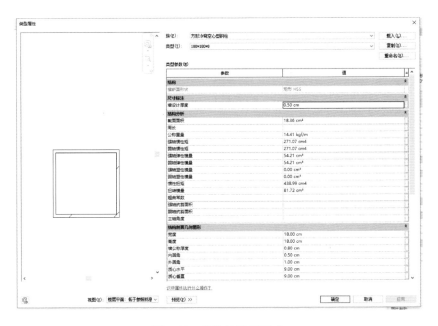

图 4-69 修改柱截面尺寸

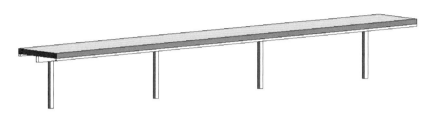

图 4-70　布置栈桥钢柱

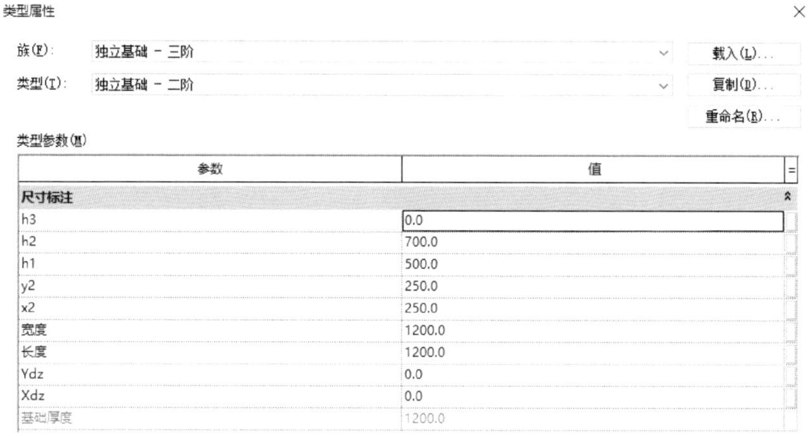

类型属性
族(F):
独立基础 - 三阶
载入(L)...
类型(T):
独立基础 - 二阶
复制(D)...
重命名(R)...
类型参数(M)
参数
值
尺寸标注
h3
0.0
h2
700.0
h1
500.0
y2
250.0
x2
250.0
宽度
1200.0
长度
1200.0
Ydz
0.0
Xdz
0.0
基础厚度
1200.0

图 4-71　修改基础截面尺寸

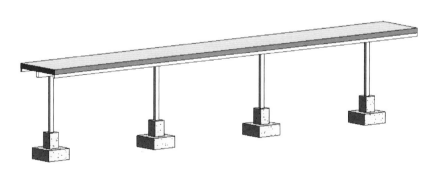

图 4-72　栈桥基础布置

(8) 添加栈桥收边，通过栏杆扶手实现功能。新建公制轮廓-扶栏，绘制栈桥收边轮廓(图 4-73)。

(9) 复制任意栏杆，重命名为栈桥收边。此类型栏杆只有轮廓，因此栏杆族处选无即可(图 4-74)。

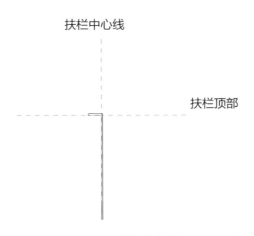

图 4-73　栈桥收边轮廓

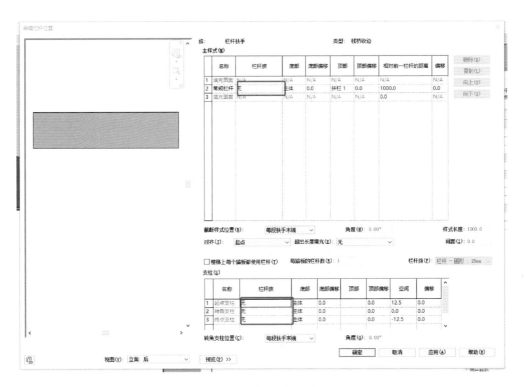

图 4-74　栏杆族设置

（10）在栏杆扶手位置添加已创建的栏杆收边轮廓（图 4-75）。

（11）以上步骤完成后，确定完成对栏杆的修改，接下来拾取栈桥楼板边线，绘制栈桥栏杆（图 4-76、图 4-77）。

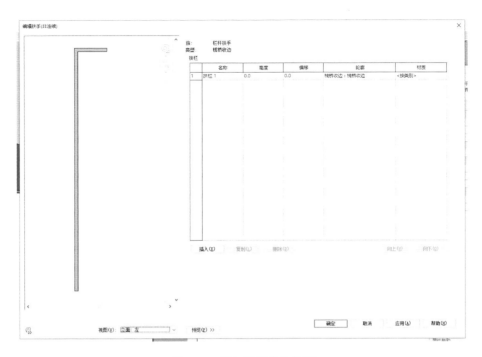

图 4-75　添加栏杆收边轮廓

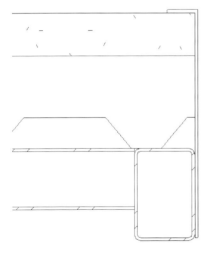

图 4-76　栏杆收边 CAD 图

图 4-77　栏杆收边模型

（12）栈桥栏杆部分的绘制与收边步骤区别不大，在收边的基础上增加栏杆支柱即可。首先根据设计图纸新建栏杆支柱（图 4-78、图 4-79）。

（13）将栏杆扶栏构件分别按照轮廓与支柱载入扶手中（图 4-80、图 4-81），最终完成栈桥模型（图 4-82）。

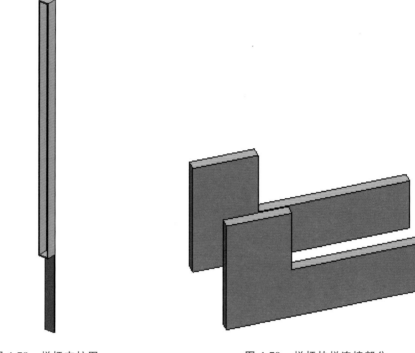

图 4-78　栏杆支柱图　　　　　　　　　图 4-79　栏杆扶栏连接部分

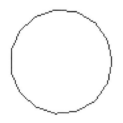

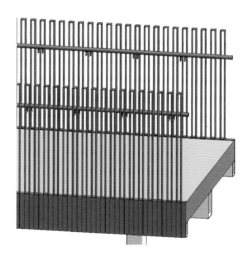

图 4-80　栏杆扶栏轮廓　　　　　　　　图 4-81　栏杆扶栏模型

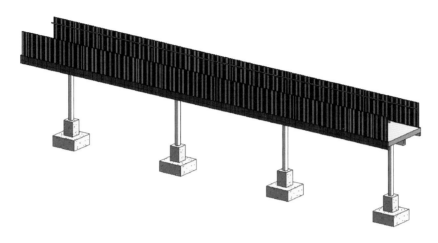

图 4-82 栈桥模型

4.6 创建水景 BIM 模型

景观水景模型可用常规模型族创建，Revit 多变的建模逻辑更适合创建水景这种复杂的单体模型。

根据 CAD 图纸表达的内容可知（图 4-83、图 4-84），水景主体主要由以下几部分组成：石材面层、砂浆结合层、金属分割及结构基础。下面根据以上几大类分别创建模型。

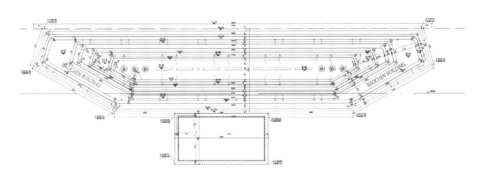

图 4-83 水景 CAD 图纸平面

（1）根据图纸平面及剖面示意图，通过族内拉伸及放样功能，创建石材面层模型（图 4-85、图 4-86）。

（2）根据图纸平面及剖面示意图，通过族内拉伸及放样功能，创建砂浆结合层模型（图 4-87、图 4-88）。

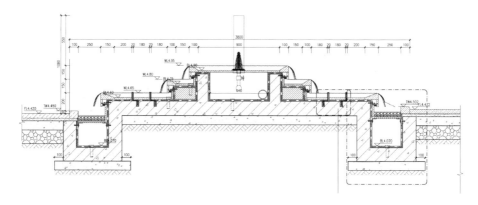

图 4-84　水景 CAD 图纸剖面

图 4-85　石材面层模型轴侧图

图 4-86　石材面层模型剖面图

图 4-87　砂浆结合层模型轴侧图

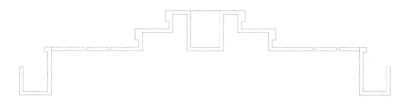

图 4-88 砂浆结合层模型剖面图

（3）根据图纸平面及剖面示意图，通过族内拉伸及放样功能，创建金属分割模型
（图 4-89、图 4-90）。

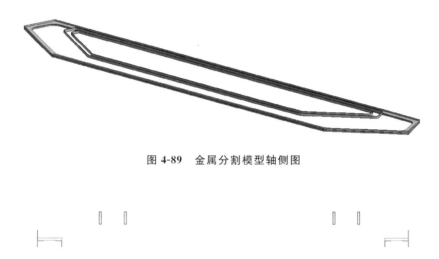

图 4-89 金属分割模型轴侧图

图 4-90 金属分割模型剖面图

（4）根据图纸平面及剖面示意图，通过族内拉伸及放样功能，创建结构基础模型
（图 4-91、图 4-92）。

图 4-91 结构基础模型轴侧图

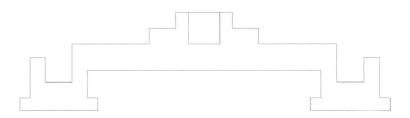

图 4-92　结构基础模型剖面图

（5）将模型整合，得到水景主体模型（图 4-93～图 4-95）。

图 4-93　水景主体模型

图 4-94　水景局部剖面图

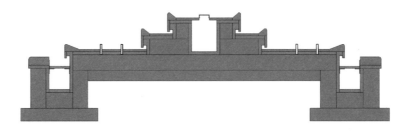

图 4-95　水景模型整体剖面图

（6）将完成的水景载入项目，根据水景的要求对给排水管道进行建模。使用墙体功能，创建水景泵坑模型，并放置水泵（图 4-96）。

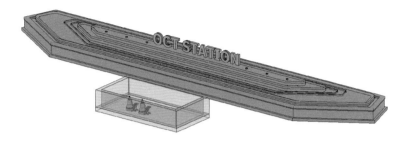

图 4-96　创建水景泵坑模型

（7）根据给排水要求，创建管道（图 4-97）。

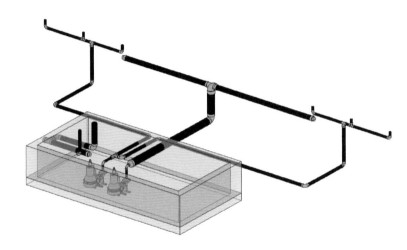

图 4-97　创建管道模型

（8）将管道与市政给排水系统连接（图 4-98）。

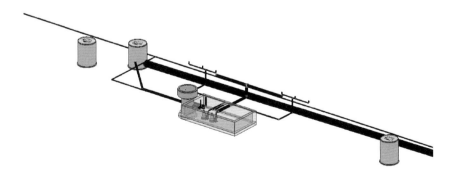

图 4-98　管道与市政给排水系统连接

（9）将管道与水景喷泉接口连接（图 4-99），最终完成整体水景建模。

图 4-99　管道与水景喷泉接口连接

4.7　创建景墙与花池 **BIM** 模型

1. 景墙

新建"族"→"公制常规模型"→"推拉"→按照设计图纸绘制所需形状，输入所需参数并设置材质，完成编辑。同理，按照设计图纸创建面层及景墙结构，然后载入项目（图 4-100～图 4-102）。

2. 花池

新建"族"→"公制轮廓-扶栏"/"公制轮廓-竖梃"→"按照设计图纸绘制所需形状"（注意：每个部分都需要单独建族）→载入项目→编辑"栏杆扶手"→编辑"扶栏结构（非连续）"→在"轮廓"选择

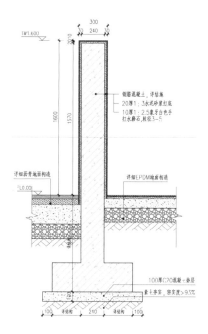

图 4-100　景墙 CAD 图纸

对应的族(扶栏的族)并设置材质→编辑"栏杆位置"→在"轮廓"选择对应的族(竖梃的族)并设置材质→完成编辑(图 4-103～图 4-107)。

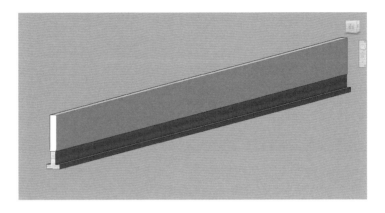

图 4-101 景墙 Revit 模型

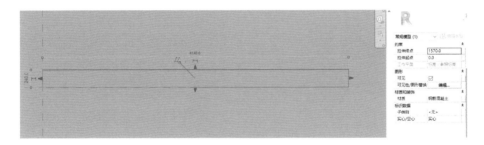

图 4-102 景墙模型创建

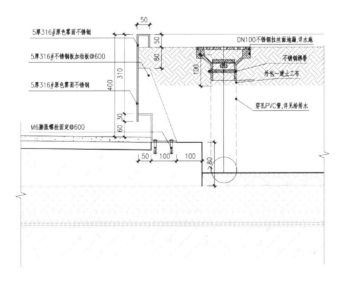

图 4-103 花池 CAD 图纸

图 4-104　栏杆类型属性设置

图 4-105　编辑扶手

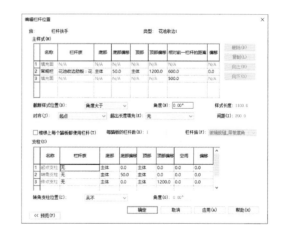

图 4-106　编辑栏杆位置

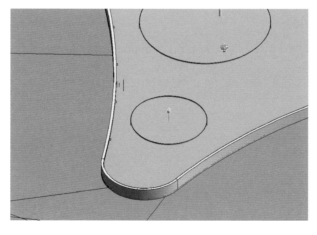

图 4-107　花池模型

4.8 建筑与结构的参数化协同设计

GAMA1.2 版本添加了针对 Grasshopper 的数据接口,使得 YJK、Revit、Rhino 三者能够进行数据的实时交互与更新,为 BIM 模型向结构模型的直接转换提供了重要的技术支持。以方案设计提供的三维模型作为结构设计的主线模型,并完善结构设计中的计算信息以及配筋信息,此模型将作为最终进行协同和算量的模型基础,让整个设计流程"一模到底",各个专业之间相互协同,减少不同格式在转换时可能导致的信息误差,形成一套对设计信息流控制应用的技术方法和配套设计模式,最终理想状态是实现所有专业实时联动的调整(图 4-108)。

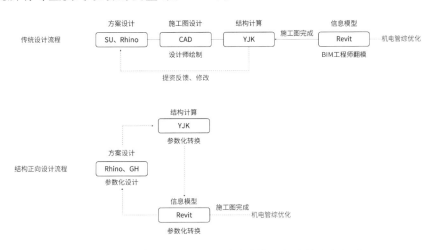

图 4-108 传统设计流程(上)对比结构正向设计流程(下)

4.8.1 在 Revit 中调用 Rhino.Inside.Revit 模块

启动 Revit→点击功能区 Rhino.Inside 选项卡→点击 Rhino 图标→Rhino 界面自动弹出(图 4-109、图 4-110)。

图 4-109 在 Revit 中调用 Rhino.Inside.Revit 模块

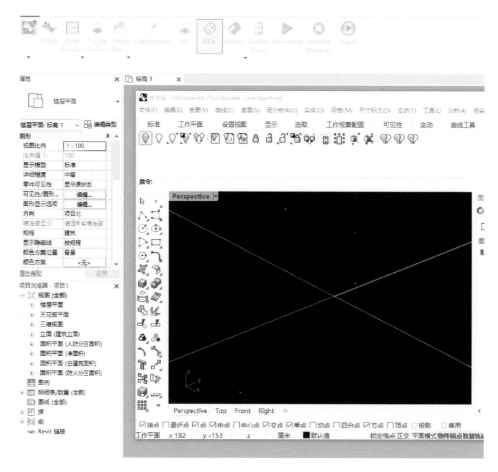

图 4-110　Rhino 界面

4.8.2　在 Rhino 界面启动 Grasshopper

在 Rhino 界面启动 Grasshopper 操作方法如图 4-111 所示。

4.8.3　定义构件生成逻辑

（1）创建族类别（图 4-112）。

（2）创建构件类型（图 4-113）。

（3）定义要素（图 4-114）。构件类型属性如图 4-115 所示。

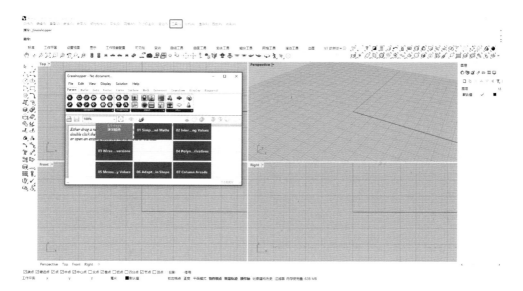

图 4-111 在 Rhino 界面启动 Grasshopper

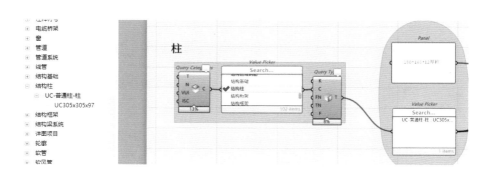

图 4-112 创建族类别

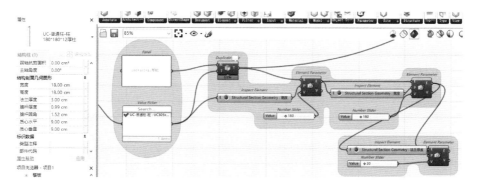

图 4-113 创建构件类型

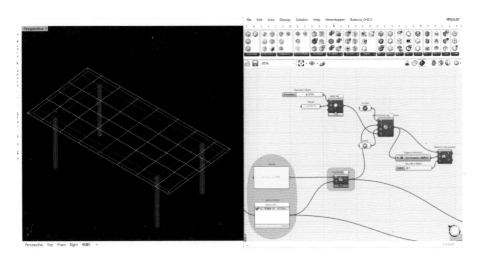

图 4-114　定义要素

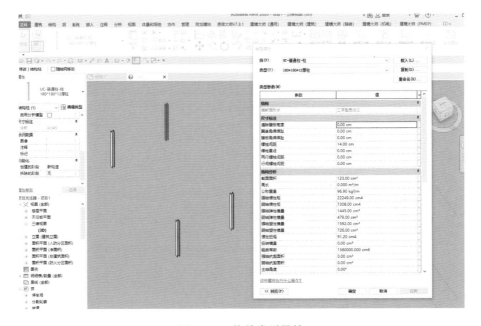

图 4-115　构件类型属性

4.8.4　打开 YJK 数智模块并启动 GAMA

打开 YJK 数智模块并启动 GAMA 操作方法如图 4-116 所示。

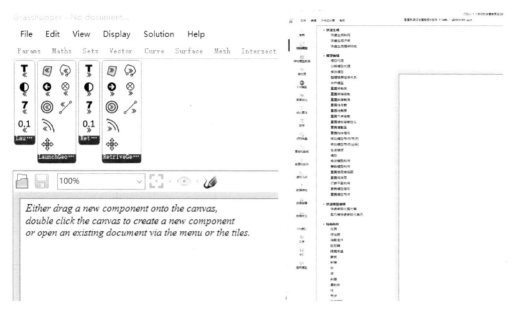

图 4-116　打开 YJK 数智模块并启动 GAMA

4.8.5　定义构件生成逻辑

（1）接收轴线和截面数据信息，定义构件生成逻辑（图 4-117）。
（2）生成 YJK 模型，在轴网柱子命令面板上进行计算（图 4-118）。

4.8.6　实时联动

完成 BIM 模型向 YJK 平台的数据传输并完成结构计算模型搭建后，结构工程师可将项目在"轴线网格"命令下转换为 YJK 模型进行常规结构计算。计算结果中对原方案有调整的部分一方面会直接体现在 YJK 平台的结构计算模型中，另一方面，GA-MA 可以将数据结果发送回 Grasshopper 端。但在这里有一个小缺陷，Rhino. Inside. Revit 会屏蔽一些同步函数，因此当修改 YJK 中的柱子时，Grasshopper 无法响应修改，需要在 Grasshopper 画布上重新运行，才能将修改过的对象载入 Revit 中（图 4-119）。

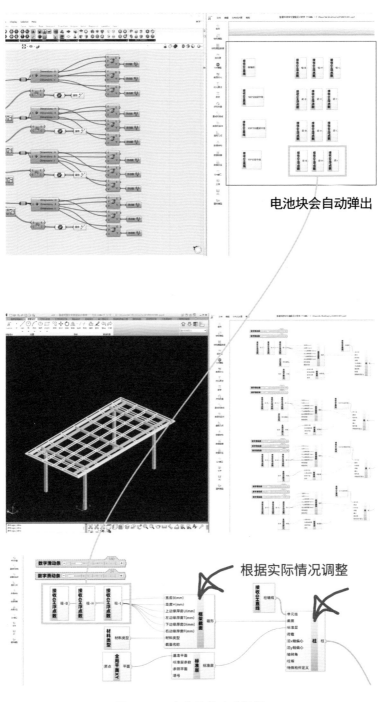

电池块会自动弹出

根据实际情况调整

图 4-117　定义构件生成逻辑

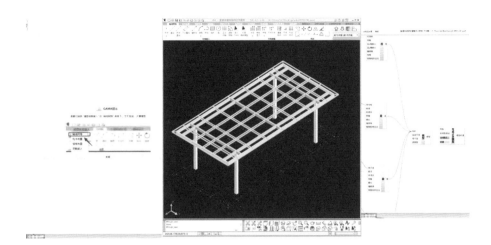

图 4-118 生成 YJK 模型

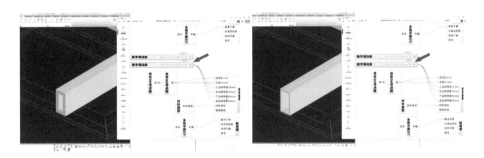

图 4-119 实时联动

第 5 章　室外管线模型设计

5.1　给排水系统

5.1.1　排水系统

（1）在 Revit 项目浏览器中，在族选项下找到"管道系统"选项，点开，复制一个基础系统，将其重命名为"景观排水系统"（图 5-1），根据管道用途添加系统材质，用以区分不同用途。

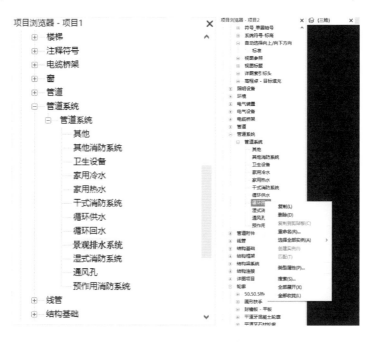

图 5-1　建立排水系统

（2）在界面顶部的"系统"选项中新建管道，在系统类型一栏选择"景观排水系统"，点击编辑类型，修改布管系统属性（图 5-2、图 5-3）。

图 5-2 系统选项面板

图 5-3 修改管道属性

（3）在"管段和尺寸"选项栏中，可以根据设计要求新增管段类型及修改尺寸（一般选默认设置即可）（图 5-4）。

（4）管道管件可以按照设计的要求通过载入族（图 5-5）或自建添加完整（默认管件族文件位置为 C:\ProgramData\Autodesk\RVT 2020\Libraries\China\MEP）。

（5）添加完成后如图 5-6 所示。

（6）绘制管线时，可通过两端的竖向控制调整管道走向（图 5-7）。

图 5-4　新增管道类型

名称	修改日期	类型
水管管件		
CJT 137 钢型复合	2022/1/27 1:37	文件夹
GBT 5836 PVC-U	2022/1/27 1:37	文件夹
GBT 9115 钢法兰	2022/1/27 1:38	文件夹
GBT 9116 钢法兰	2022/1/27 1:37	文件夹
GBT 9119 钢法兰	2022/1/27 1:38	文件夹
GBT 9123 钢法兰	2022/1/27 1:38	文件夹
GBT 13663 PE	2022/1/27 1:38	文件夹
GBT 19228 不锈钢	2022/1/27 1:37	文件夹
PVC	2022/1/27 1:37	文件夹
常规	2022/1/27 1:38	文件夹
钢法兰	2022/1/27 1:38	文件夹
灰铸铁	2022/1/27 1:37	文件夹
灰铸铁法兰	2022/1/27 1:37	文件夹
可锻铸铁	2022/1/27 1:37	文件夹
轮廓	2022/1/27 1:38	文件夹
碳钢	2022/1/27 1:37	文件夹

图 5-5　载入水管管件

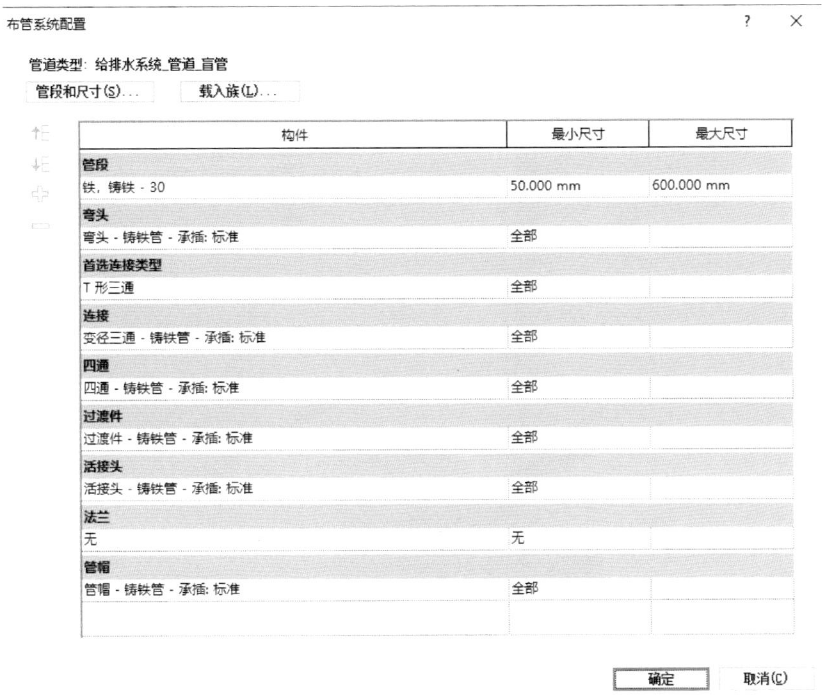

布管系统配置

管道类型: 给排水系统_管道_盲管

管段和尺寸(S)...　载入族(L)...

构件	最小尺寸	最大尺寸
管段		
铁, 铸铁 - 30	50.000 mm	600.000 mm
弯头		
弯头 - 铸铁管: 承插: 标准	全部	
首选连接类型		
T 形三通	全部	
连接		
变径三通 - 铸铁管: 承插: 标准	全部	
四通		
四通 - 铸铁管: 承插: 标准	全部	
过滤件		
过滤件 - 铸铁管: 承插: 标准	全部	
活接头		
活接头 - 铸铁管: 承插: 标准	全部	
法兰		
无	无	
管帽		
管帽 - 铸铁管: 承插: 标准	全部	

确定　取消(C)

图 5-6　配置布管系统

图 5-7　调整管道走向

5.1.2　给水系统

给水系统创建原理与排水系统基本一致,在完成给水系统创建后,还需要为管道放置控制阀门,同时尽量避让重力管及其他碰撞物。

(1)根据创建排水系统步骤创建给水系统,按要求绘制给水管道,根据设计要求,添加阀门族(图 5-8)。

(2)遇上检查井或重力管时,应做翻弯规避处理(图 5-9)。

图 5-8　添加阀门族

图 5-9　翻弯规避处理

5.2　电气系统

景观电气系统是一个综合性的电气解决方案,专为园林景观设计和实施而定制。它涵盖了园林景观中所需的各种电气设备和系统的规划、设计、安装和维护工程(图5-10),旨在确保景观区域的电气设施安全、可靠且高效运行。

具体而言,景观电气系统包括以下几个方面。

(1)照明系统:景观电气系统的核心部分,涵盖了各种类型的景观照明设备,如庭院灯、草坪灯、地埋灯、投光灯等。这些灯具不仅为景观区域提供必要的照明,还通过巧妙的布局和色彩搭配,增强景观的视觉效果和艺术感。

(2)供配电系统:负责为整个景观区域提供稳定、安全的电力供应。其工作内容包括从城市电网引入电源、设置变电所、配置变压器及铺设电缆等。供配电系统还需要考虑应急电源的设置,以确保即便在紧急情况下,景观区域的基本电力需求也能得

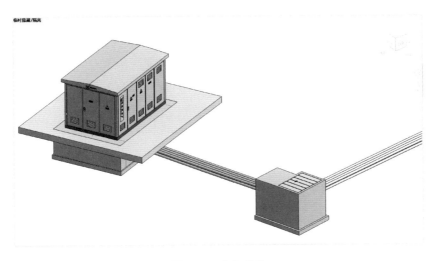

图 5-10　电气设施

到满足。

（3）自动控制系统：通过智能化设备和技术，实现对景观电气设备的自动控制和监控。例如，可以设置定时开关控制灯具的开关时间，根据天气和光照条件自动调节灯具的亮度，以及通过中央控制系统集中管理各个电气设备。

（4）安全保护系统：包括防雷击、防漏电、过载保护等安全措施，确保电气设备和人员的安全。此外，还可以通过设置火灾自动报警系统和消防联动控制系统，以及安装安全监控摄像头等，提高景观区域的安全防范能力。

（5）智能化管理系统：利用现代信息技术，实现对景观电气系统的远程监控和管理。通过智能化管理系统，可以实时了解电气设备的运行状态、能耗情况等信息，并进行数据分析和优化，提高管理效率和节能效果。

综上所述，景观电气系统是一个集照明、供配电、自动控制、安全保护和智能化管理于一体的综合性电气解决方案。它旨在通过科学合理的规划和设计，为园林景观提供稳定、安全、高效的电气支持，提升整体景观的品质和效果。

在 Revit 中应用景观电气系统，主要涉及创建和管理景观项目中的电气元件、线路布置、照明设计以及与整体景观设计的集成。以下是应用 Revit 进行景观电气系统设计的关键步骤和技巧。

（1）项目设置与族的创建：首先，确保项目设置正确，包括项目单位、标高、轴网等，这为电气系统设计奠定了基础；其次，创建或载入必要的电气族，如照明灯具、插座、开关、控制箱、喷泉泵、音响设备等。Revit 提供了基本的电气设备族库，也可以根据项目需求自定义创建更具体的景观电气设备族。

（2）布置电气设备：进入相应的平面视图（如场地平面图），使用"系统"选项卡下的"电气"面板,选择相应的命令来布置电气设备,如"照明设备""设备"等;根据设计图纸或现场需求,放置灯具、插座、开关等设备,注意设备的朝向和高度,确保与实际安装一致(图 5-11)。

图 5-11　布置电气设备

(3)敷设线路与电缆:利用"电缆托盘""导管"或"电缆桥架"工具来创建电气线路的路径。根据规范要求设定线路的尺寸和类型。使用"电线"或"电缆"命令在路径中绘制电气线路,确保线路连接正确无误,符合电气规范(图 5-12)。

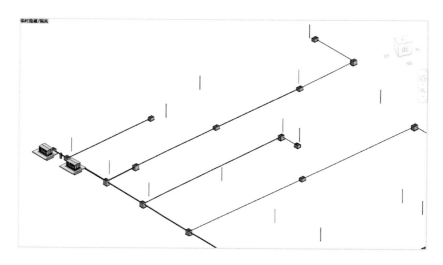

图 5-12　敷设线路与电缆

(4)照明设计与控制:利用 Revit 的照明分析功能进行照明设计,确保照度满足设计要求。可以设置不同的照明场景,进行光照模拟。设定照明控制回路,使用"电路"功能将灯具分组到相应的回路中,便于管理和计算电气负荷。

(5)整合与协调:与其他专业(如结构、给排水)模型进行协调,使用"碰撞检测"功能检查电气设备与结构、管道等是否有冲突,及时调整。应用"视图"和"过滤器"功能,清晰展示电气系统,同时隐藏或淡化非必要的图元,以提高图纸的可读性。

(6)文档与出图:利用 Revit 的详图和注释工具,添加必要的标注、尺寸、符号和文字说明,确保施工图的完整性。利用"图纸"功能创建施工图,包含电气平面图、剖面图、详图和材料表等,确保所有电气设计信息都能准确无误地传达给施工团队。

5.3　暖通系统

暖通系统的全称为供热通风与空气调节(heating, ventilation and air condition-ing,简称 HVAC),是建筑中至关重要的组成部分,负责创造和维持室内环境的舒适度、空气质量及温度、湿度条件。在 Revit 中设计和实施暖通系统涉及多个方面,以下是一些关键步骤和实践建议。

1. 项目初始化与设置

建立项目模板:根据项目需求定制项目模板,预设好单位、标高、轴网等基础设置。

载入族库:确保暖通相关的族库(如风管、水管、风机、空调设备等)已加载或创建完成。

2. 系统规划与设计

负荷计算:利用 Revit 的分析功能或第三方软件初步估算建筑的冷热负荷,为系统设计提供依据。

系统选择与布局:根据负荷计算结果,设计暖通系统的总体方案,包括空调系统(如 VAV、VRV)、供暖系统(如热水、蒸汽)、通风系统等,并在 Revit 中规划设备位置和管线走向。

3. 建模与绘制

风管与水管:在相应的平面图、立面图或三维视图中,使用"风管""水管"工具绘制系统管网,注意遵循行业标准和规范。

设备布置:放置空调机组、风机、冷却塔、锅炉、散热器等设备,并通过"连接性能"功能确保设备与管网正确连接(图 5-13)。

风口、散流器与回风口:根据气流组织要求,在房间内布置风口和回风口,确保气流分布合理。

4. 碰撞检测

利用 Revit 的碰撞检测功能,识别并解决风管、水管与结构、电气等其他系统间的冲突(图 5-14、图 5-15)。

系统分析:进一步利用 Revit 或专用分析软件,进行更详细的气流、水力分析,优化系统设计。

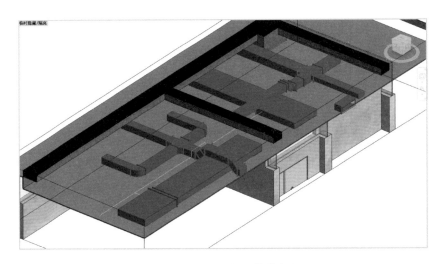

图 5-13　暖通设备及管道布置

图 5-14　暖通碰撞检查

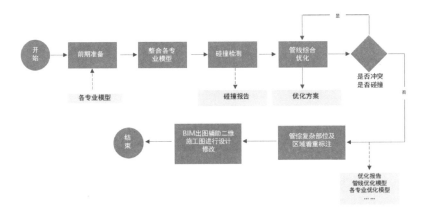

图 5-15　碰撞检查流程图

5．出图与文档

创建图纸：基于设计模型，生成系统平面图、剖面图、详图和设备清单等施工图。

注释与标记：添加必要的注释、标签、尺寸标注和警告符号，确保施工人员能准确理解设计意图。

第 6 章　植物模型设计

6.1　Revit

6.1.1　创建植物族

与 Revit 自带的植物模型不一样，实际现场移栽的乔木类还会有土球体积，同时乔木的土球也会与园林建筑结构基础及管线发生碰撞，因此需要对植物模型进行添加土球的修改。

（1）在新建项目中，复制并重命名一个植物。

（2）进入植物族中，为植物添加土球（以圆柱体代替土球）（图 6-1）。

图 6-1　添加土球

（3）最后根据植物设计要求，添加族类型及公式（图 6-2）。

图 6-2　添加族类型及公式

6.1.2　植物布置

根据项目的苗木表,按照以上步骤添加完所有植物的土球后,按照 CAD 底图逐个栽种植物(图 6-3、图 6-4)。

图 6-3　植物布置三维视图

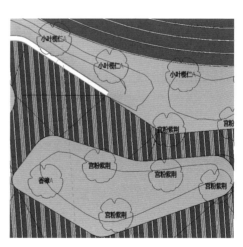

图 6-4　植物布置平面视图

6.1.3 植物与管线碰撞

在 Revit 中，当植物与管线发生碰撞时（图 6-5），处理这种情况通常需要综合考虑多个因素，包括碰撞的严重程度、管线的类型和功能及植物的位置和重要性等。以下是一些处理植物与管线碰撞问题的建议。

图 6-5　植物与管线碰撞

（1）分析碰撞情况：确定碰撞的管线类型（如水管、风管、电缆等）及植物的种类和大小。了解管线的功能性和重要性，以及植物在设计中的角色和视觉效果。

（2）调整管线布局：如果可能的话，尝试调整管线的布局以避开植物。这可能涉及移动管线的位置，改变其走向或调整其高度等。在调整时，要确保管线的功能性和安全性不受影响。

（3）调整植物位置：如果调整管线布局不可行或不理想，可以考虑调整植物的位置。这可能包括移动植物、更换植物种类或调整植物的种植方式等。在调整植物位置时，要考虑其与周围环境的协调性和视觉效果。

（4）使用特殊设计元素：在某些情况下，可以使用特殊的设计元素来解决碰撞问题。例如，可以在管线周围设置防护设施或装饰物，以减轻碰撞对视觉效果的影响。

6.2　Rhino

6.2.1　参数化混种植物

（1）在指令栏输入 Grasshopper，打开界面，加载编辑好的程序（图 6-6、图 6-7）。

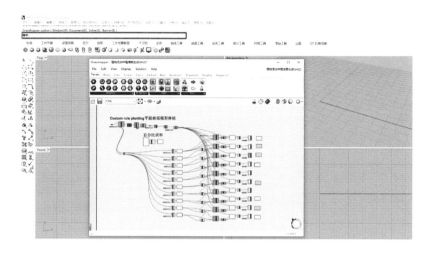

图 6-6　打开界面

gh	2024/5/22 10:38	文件夹	
rhino	2023/4/7 10:05	文件夹	
参数化混种 操作教程.docx	2023/4/7 14:22	DOCX 文档	3,603 KB
单类植物选取延曲线分散scatter种植220609.gh	2022/7/19 10:33	Grasshopper Do...	117 KB
植物混合种植底图生成GH--多种.gh	2023/2/28 11:43	Grasshopper Do...	58 KB
自然植物混合种植演示企划.pdf	2022/1/18 10:21	WPS PDF 文档	2,566 KB

图 6-7　加载程序

（2）导入混种范围边线（图 6-8），生成面（图 6-9）（若导入的是已生成地形曲面的 SketchUp 文件，则省略这一步）。

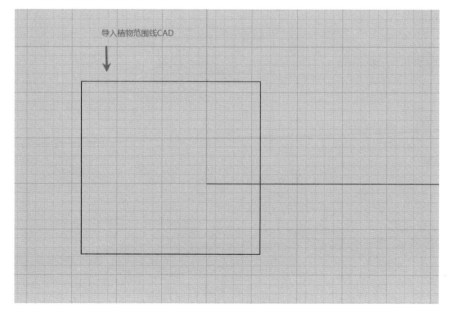

图 6-8　导入混种范围边线

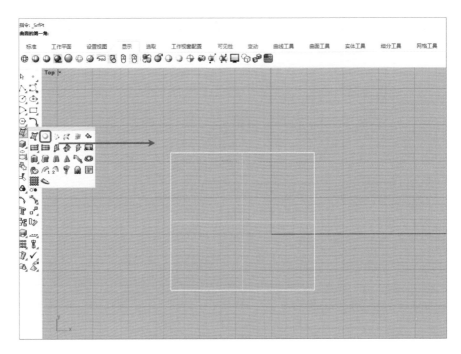

图 6-9　生成面

（3）设置要生成的表面及表面的边界（图 6-10、图 6-11）。

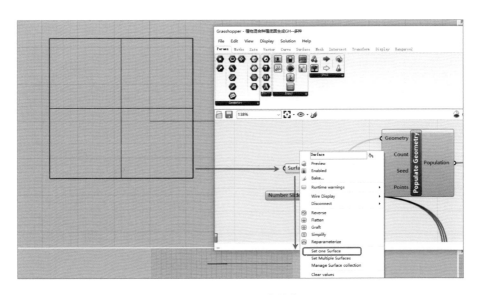

图 6-10　设置要生成的表面

（4）输入计算好的需生成的碎块数值 c（图 6-12），输入品种占比，系统会自动计算出品种块数（图 6-13），填入品种块数（图 6-14）。

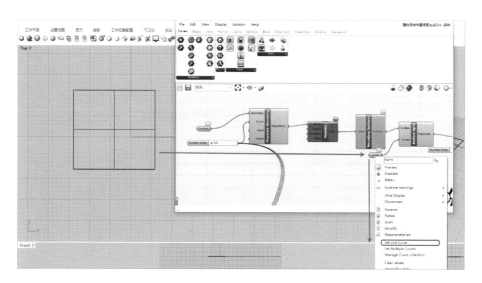

图 6-11　设置要生成的表面的边界

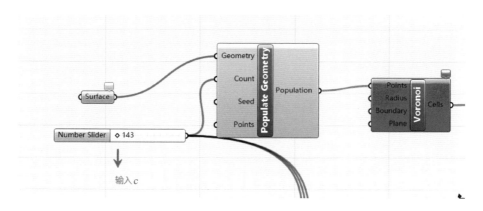

图 6-12　输入碎块数值 c

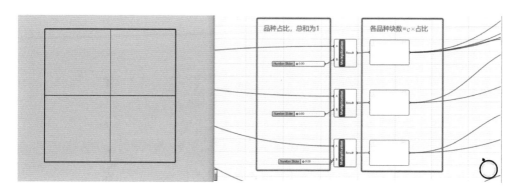

图 6-13　自动计算出品种块数

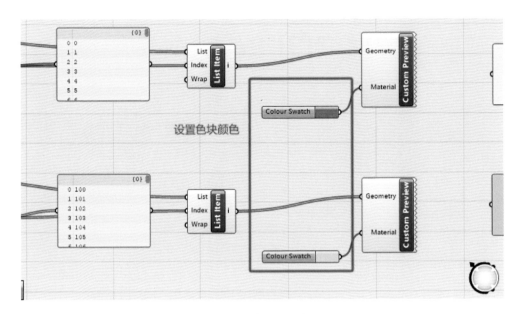

图 6-14　填入品种块数

　　第一种计算形式：设一个碎色块种植 10 株，一株冠幅面积为 a 平方米，则一个碎块的面积为 $10a$ 平方米；测量出整块地种植面积为 b 平方米，则整块地可生成 c 个碎色块，即 $c=b/10a$。

　　第二种计算形式：设一个碎色块为 1 平方米，测量出整块地种植面积为 b 平方米，则整块地可生成 c 个碎色块，即 $c=b$。

　　（5）拖动碎色块至 0 或 1，使色块不超出边界。拖动滑块可改变色块组合方式（图 6-15）。

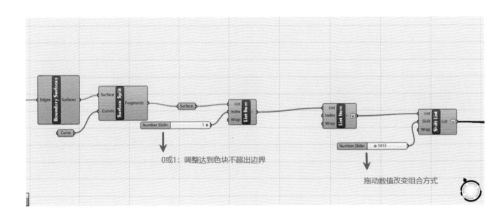

图 6-15　改变组合方式

　　选择着色模式（图 6-16～图 6-18），框选红框中的电池，点击鼠标右键，选择 Bake（三种色块都执行此操作）。

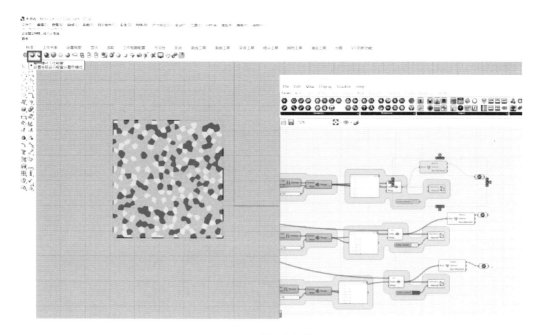

图 6-16　选择着色模式一

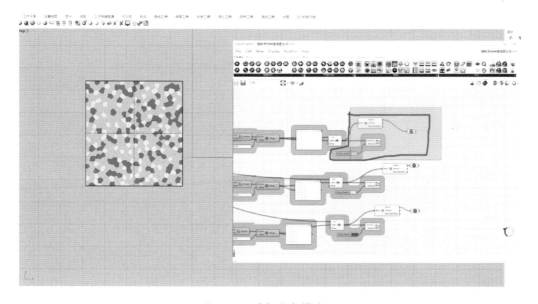

图 6-17　选择着色模式二

（6）取消预览，取消后仍保留有颜色（图 6-19、图 6-20），可以导出文件。

（7）选中生成的彩色平面图→文件→以基点导出→设置基点（可点击选中的彩色

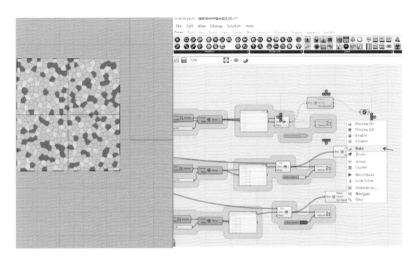

图 6-18　选择着色模式三

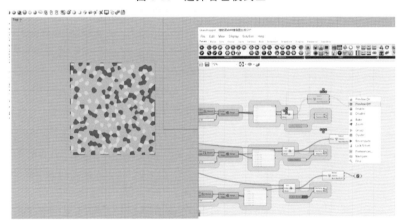

图 6-19　导出成果一

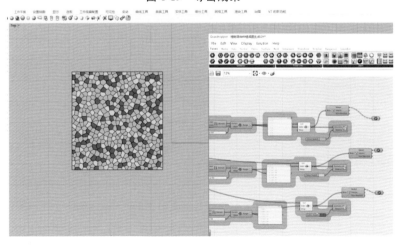

图 6-20　导出成果二

平面图的中心)→选择 SKP 格式→导出(图 6-21),导出文件可用 SketchUp 打开(图 6-22)。

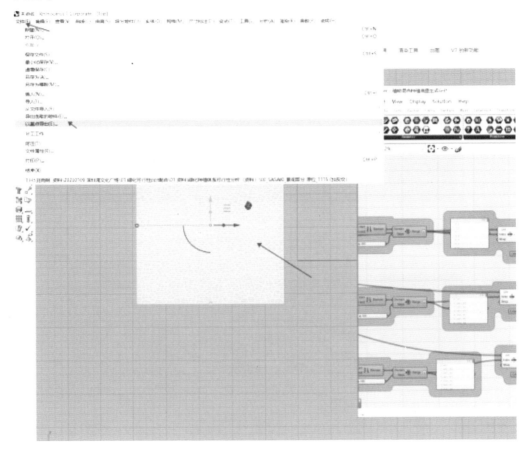

图 6-21 导出 SKP 文件

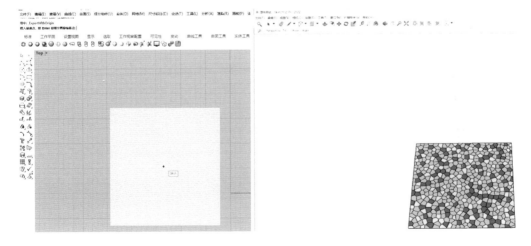

图 6-22 用 SketchUp 打开成果

（8）将生成的 SKP 文件导入 Mars（图 6-23）。

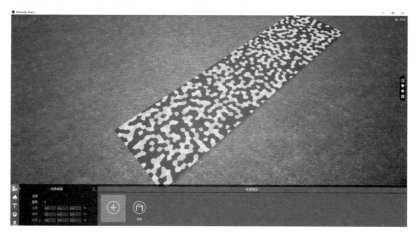

图 6-23　导入 Mars

（9）将植物素材调整为苗木表设计规格（图 6-24）。

图 6-24　调整为苗木表设计规格

（10）各颜色色块填充调整后的对应植物品种如图 6-25 所示。

图 6-25　填充调整后的对应植物品种

（11）对应填充各颜色色块后，关闭色块底图，调整至所需要的角度后输出图片（图 6-26）。

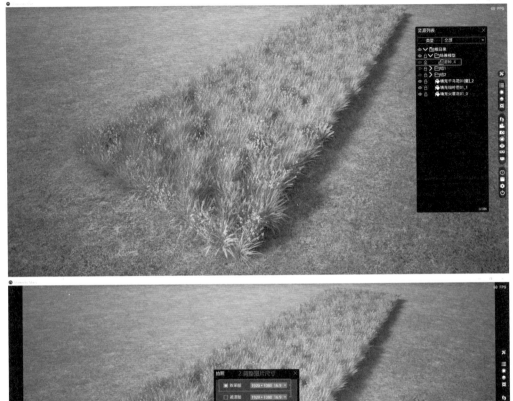

图 6-26　输出图片

6.2.2　斑块混种植物

（1）在指令栏输入 Grasshopper，打开界面（图 6-27），加载编辑好的程序（图 6-28、图 6-29）（超过 3 个混合品种可选用此程序）。

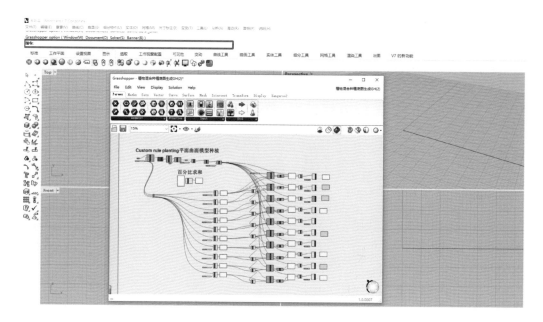

图 6-27 打开界面

gh		2024/5/22 10:38	文件夹	
rhino		2023/4/7 10:05	文件夹	
参数化混种 操作教程.docx		2023/4/7 14:22	DOCX 文档	3,603 KB
单类植物选取延取曲线分散scatter种植220609.gh		2022/7/19 10:33	Grasshopper Do...	117 KB
植物混合种植底图生成GH--多种.gh		2023/2/28 11:43	Grasshopper Do...	58 KB
自然植物混合种植演示企划.pdf		2022/1/18 10:21	WPS PDF 文档	2,566 KB

图 6-28 加载程序

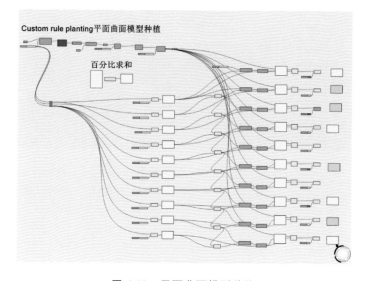

图 6-29 平面曲面模型种植

（2）导入混种范围边线（图 6-30），生成面（图 6-31）（若导入的是已生成地形曲面的 SketchUp 文件，则省略这一步）。

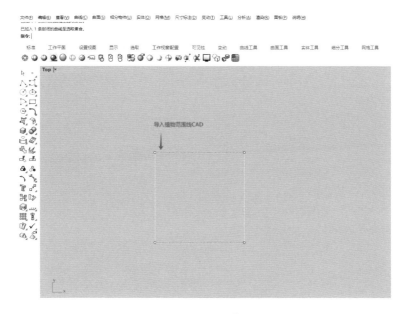

图 6-30　导入混种范围边线

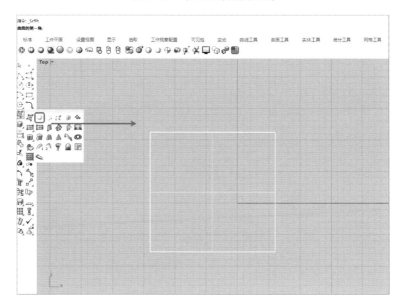

图 6-31　生成面

（3）设置要生成的表面（图 6-32）。

（4）设定好品种占比（分斑块植物或填充植物）（图 6-33）。

① 斑块植物计算方式：若种植地块面积为 a 平方米，单个斑块面积为 5 平方米，则铺满整块地需要斑块数 $b=a/5$。

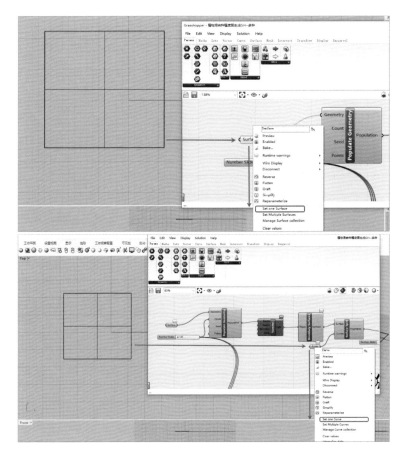

图 6-32　设置要生成的表面

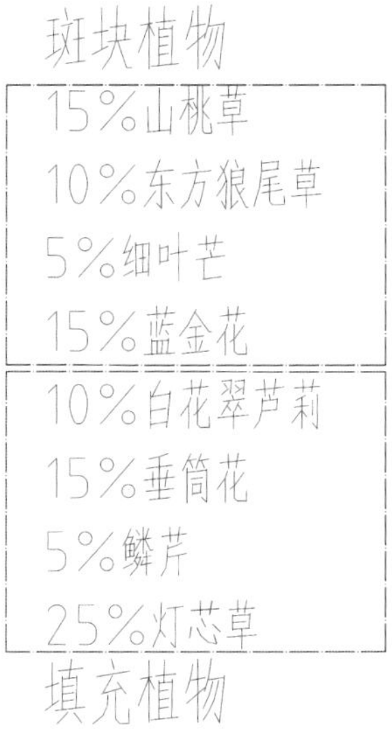

斑块植物

15%山桃草

10%东方狼尾草

5%细叶芒

15%蓝金花

10%白花翠芦莉

15%垂筒花

5%鳞芹

25%灯芯草

填充植物

图 6-33　设置要生成的表面

②填充植物计算方式:若种植地块面积为 a 平方米,单个碎块面积为 0.25 平方米,则铺满整块地需要碎块数 $c=a/0.25$。

(5)输入 b 数值,设置要生成的表面及表面的边界(图 6-34)。

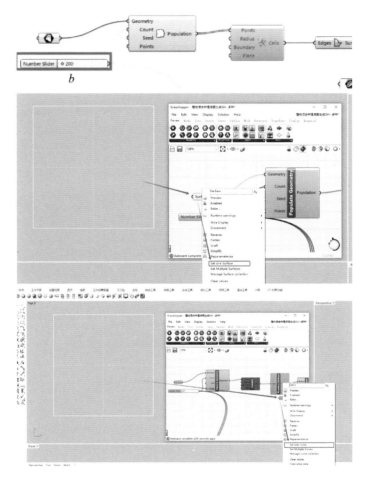

图 6-34　设置要生成的表面及表面的边界

(6)输入品种占比,系统会自动计算出品种块数,将非斑块植物占比调整为零(图 6-35)。

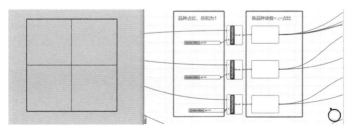

图 6-35　输入品种占比,计算出品种块数

（7）生成彩色平面图后，选中图中的两个电池，鼠标右键点击空白处，选择 Bake（图 6-36）。

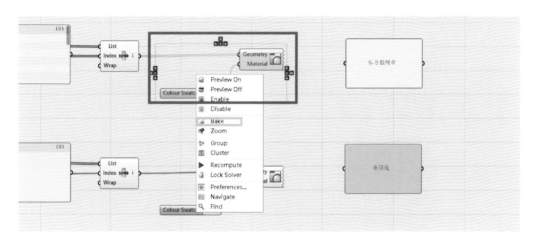

图 6-36 选择 Bake

（8）用相同的步骤将斑块品种逐一 Bake，选择渲染模式，框选 Bake 后的色块，以基点导出 SKP 格式或 pdf 格式的文件（图 6-37）。

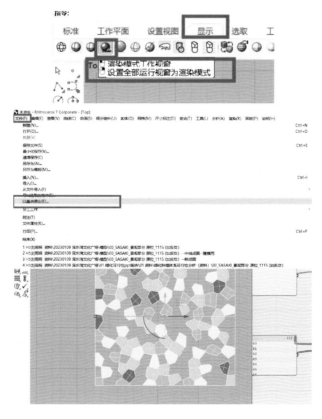

图 6-37 导出成果

（9）输入 *c* 数值（图 6-38），品种占比需换算成总和为 100％ 的数值；输入占比数值，将非填充植物的占比数值调整为零（图 6-39）。

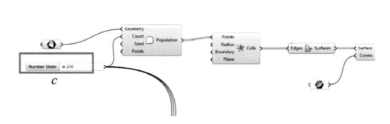

图 6-38 输入 *c* 数值

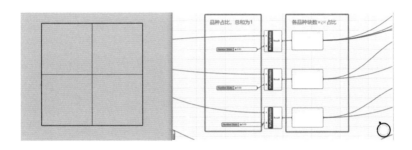

图 6-39 输入占比数值

（10）用相同的步骤将斑块品种逐一 Bake，选择渲染模式，框选 Bake 后的色块，以基点导出 SKP 格式或 pdf 格式的文件（图 6-40）。

图 6-40 导出最终成果

第 7 章   设计渲染与漫游
——以光辉城市为例

光辉城市是一款服务于建筑设计行业的高级可视化工具,尤其专注于 3D 图像渲染、VR 虚拟现实体验及 AR 增强现实应用。这款软件由国内企业自主研发,是全球领先的建筑 VR 技术提供商为建筑设计院、景观设计公司及众多设计师提供的一种全新的、高效的、沉浸式的项目展示和设计沟通方式。

7.1   创建项目

安装光辉城市软件,软件可在官方网站直接下载,下载安装完成后,双击打开,注册过账号的用户可直接登录,没有注册的在界面最下方注册新用户。账号登录后,按照项目需求创建项目(图 7-1)。

图 7-1   创建项目

创建完成后，进入界面，选择加载模型（图 7-2）。

场景编辑
名称
面数 0
位置 0.0 0.0 0.0
旋转 0.0 0.0 0.0
缩放 0.0 0.0 0.0

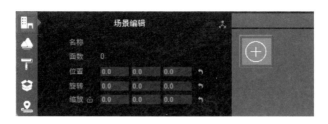

图 7-2　选择加载模型

可参考软件的载入格式对载入的模型进行处理（图 7-3）。

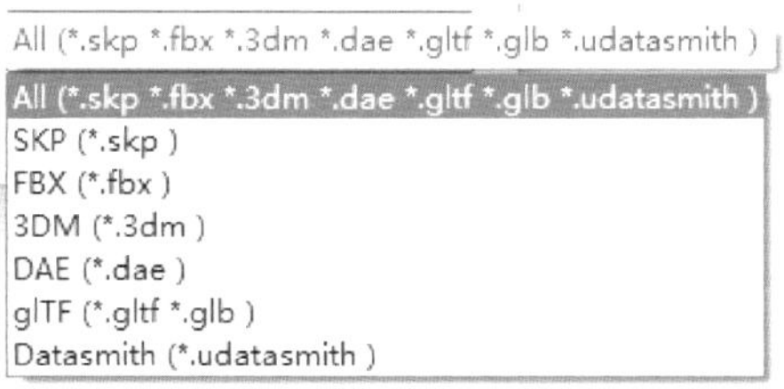

All (*.skp *.fbx *.3dm *.dae *.gltf *.glb *.udatasmith)
All (*.skp *.fbx *.3dm *.dae *.gltf *.glb *.udatasmith)
SKP (*.skp)
FBX (*.fbx)
3DM (*.3dm)
DAE (*.dae)
glTF (*.gltf *.glb)
Datasmith (*.udatasmith)

图 7-3　选择载入格式

7.2　调整材质渲染外观

载入项目后，根据项目的需求为模型添加材质（图 7-4）。

材质
纹理
纹理

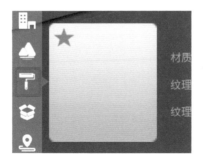

图 7-4　为模型添加材质

软件系统自带比较丰富的材质贴图（图 7-5），可根据项目需求选取使用，也可以自定义材质（图 7-6）。

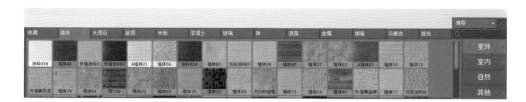

图 7-5　材质贴图

图 7-6　自定义材质

7.3　添加植物

按照添加逻辑,可分两种方式添加植物:一类是乔木及灌木植物,一类是地被植物。

1. 乔木及灌木植物添加方法

在光辉城市中放置乔木及灌木比较简单,根据设计底图,选取合适的植物直接点击种植即可。

(1) 在左下角菜单栏中选择配景(图 7-7)。

(2) 在界面右边选择植物,可在搜索栏上根据植物名称直接搜索(图 7-8)。

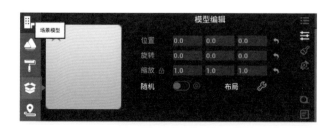

图 7-7　选择配景

图 7-8　选择植物

（3）选择植物直接点击栽种，可通过放置人物模型进行对照，调整乔木及灌木的比例大小（图 7-9）。

图 7-9　栽种植物

2. 地被植物添加方法

地被植物添加方法与乔木及灌木植物添加方法存在显著差异。虽然地被植物也可以通过手动点击逐个放置的方式来添加，但由于其分布通常广泛且密集，如果整个区域都需要铺设地被植物的话，这种方法的工作量将会非常庞大且效率低下，还容易产生误差。因此，在实际操作中，为了提高工作效率并确保设计精度，通常会根据详细的植物配置图纸，对需覆盖地被植物的地形进行预先划分，将其切割成多个合理的区块。这种切割是基于地被植物的实际分布范围和种类来进行的，确保每个区块对应一种或一类地被植物。接下来，对切割后的各个区块分别赋予相应的材质，这里的材质实际上代表了特定种类的地被植物，就如同在导入三维模型时，我们需要提前将模型的不同部分分配到不同的材质通道上以便后续编辑和应用，这样一来，每种材质就代表了一个特定的地被植物类型。在具体放置地被植物时，可以根据材质选择地被植物种类，直接进行区域填充操作即可。

在植物区域点击选择需要填充的地被植物，选择笔刷工具，再把工具调整为填充工具，通过调整填充比例，达到最终效果（图 7-10、图 7-11）。

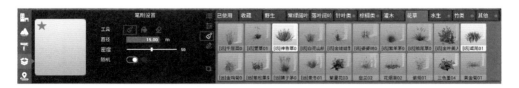

图 7-10　选择笔刷工具

图 7-11 种植地被植物

7.4 创建相机视图

光辉城市可保存多个相机视图,在展示时,可直接点击相机视图,即可快速移动到调整好的视图视角。

(1) 根据需求先调整好相机视角,调整好后,在屏幕右边工具栏选择场景按钮(图 7-12)。

(2) 再点击保存场景即可(图 7-13)。

图 7-12 调整视角

图 7-13 保存场景

7.5　渲染图像

（1）调整整体效果：确定画面的冷暖色调，为效果打好基调，打开"天空"调节面板
→调整适合的天空参数→打开"后期"，调整整体场景效果（图 7-14、图 7-15）。

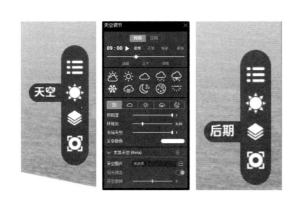

图 7-14　天空调节　　　　　　图 7-15　后期参数

（2）布置光源：打开"Mars 资源库"→"高级"→"高级照明"，根据场景需求放置光
源，渲染烘托场景氛围，营造场景氛围感，然后保存场景（图 7-16）。

（3）输出图像：打开设置→"画面"→"屏幕比例"调至"极高"→"应用"→"拍照"→
勾选"效果图"（选择输出图像大小）→"输出"；"ALT＋F2"打开"ANSEL"→"抓拍类
型"，选择高分辨率→滑动调整分辨率→选择"增强"，提高反射效果→"拍摄"，开始渲
染（图 7-17）。

图 7-16 布置光源

图 7-17 输出图像

7.6 创建漫游路径

（1）打开编辑器→路径→路径绘制工具，在场景中先通过选择定位点画出路径曲线（单击鼠标右键结束绘制），光辉城市会自动优化路径曲线（图 7-18）。

（2）选择要在路径上放置的资源类型（目前软件支持的有交通、人物、文字、自定义模型和其他），调节密度、随机偏移和速度设置，根据需要选择是否打开或关闭自动匹配、显示开关、运动开关、运动方向（图 7-19）。

图 7-18　创建漫游路径

图 7-19　调整路径内容

（3）在通过动态路径添加人物时，可以通过调节随机偏移设置改变人流偏移范围，使人的运动更加真实，并且可以根据场景选择行走、跑步、骑车的动作。

7.7 创建场地漫游动画

在渲染图像的基础上进行动画的设置：打开"录像"进行路径的设置→调整视频的参数（如时间、分辨率、环境效果等）→"视频输出"选择输出的动画路径→"输出类型"选择"合并"→导出（图 7-20）。

图 7-20　创建场地漫游动画

第 8 章　软件协同与数据交互

8.1　Revit 与 Rhino

8.1.1　背景

Rhino. Inside 是随同 Rhino7 开发的一个开源项目,目的是让 Rhino 与 Grasshopper 能在 Revit 内无缝运行。它不仅能完美地进行数据转化,还能为 Revit 增加曲面造型与参数化设计的能力。Revit 用户可以像使用其他附加模块一样来使用 Rhino7,当然也可以使用 Grasshopper 与 RhinoPython。

8.1.2　启动

依次点击 Rhino. Inside 和 Rhino 进入系统界面(图 8-1、图 8-2),页面上将自动弹出 Rhino 界面(图 8-3)。

图 8-1　点击 Rhino. Inside　　　　　　　　　图 8-2　点击 Rhino

8.1.3　交互

(1) 打开交互界面(图 8-4),以曲面嵌板为例,首先在 Rhino 中准备一张形态合适的曲面(图 8-5)。

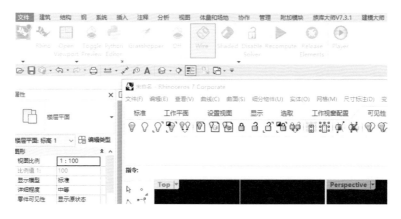

图 8-3　Rhino 界面

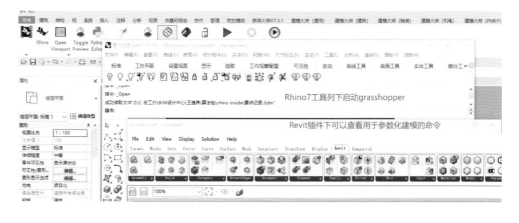

图 8-4　交互界面

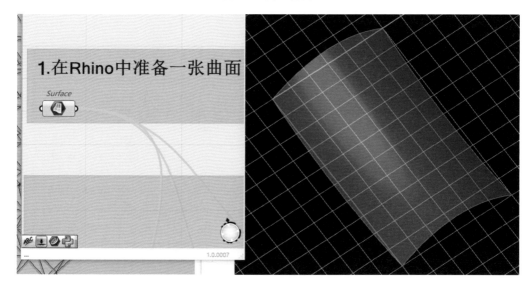

图 8-5　在 Rhino 中准备曲面

（2）用 Grasshopper 精准定位构件的位置和尺寸，搭好模型（图 8-6）。

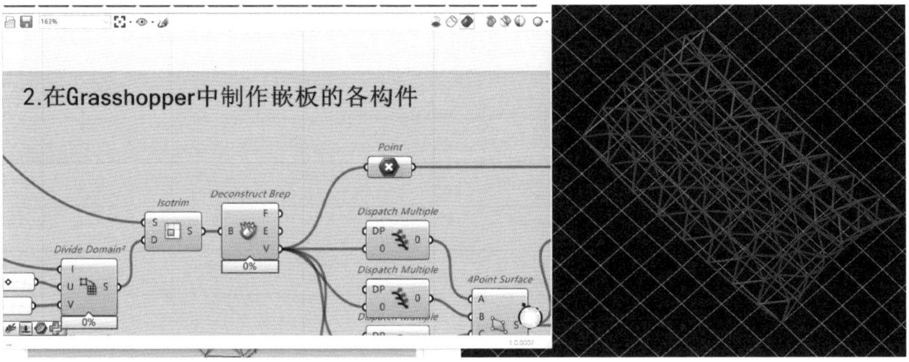

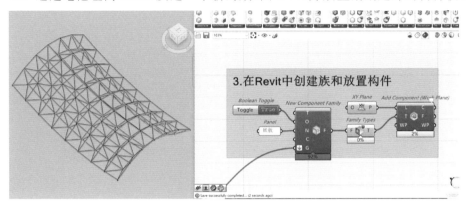

图 8-6　用 Grasshopper 精准定位构件的位置和尺寸

（3）通过电池组向 Revit 发送一个新的族（图 8-7），并放置刚刚建好的构件模型。

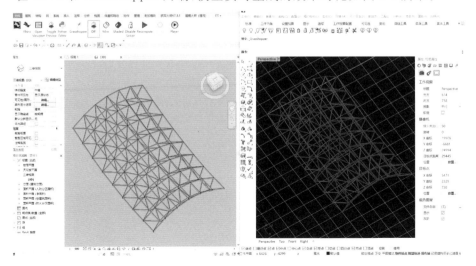

图 8-7　向 Revit 发送族

在 Revit 和 Grasshopper 两端，模型实时生成的效果对比如图 8-8 所示。

图 8-8　Revit 和 Grasshopper 两端模型实时生成的效果对比

8.2 Rhino 与 YJK

8.2.1 背景

YJK-Gama1.2 添加了 YJK 与 Rhino 实时联动的功能。该功能可以通过相应的数据接口,实现 YJK 和 Rhino 数据的实时交互与更新。

8.2.2 启动

启动插件需要通过 GamaGrasshopperConnection_v1.0.msi 进行安装(图 8-9),软件界面 GAMA 端如图 8-10 所示,软件界面 Grasshopper 端如图 8-11 所示。

图 8-9　安装软件

8.2.3 交互

(1) 打开 Rhino 园林建筑模型,提取结构线(提取柱子轴线及梁上表面中线)(图 8-12)。

图 8-10　软件界面 GAMA 端

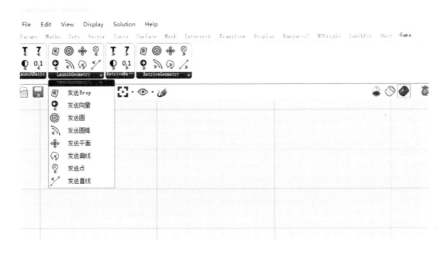

图 8-11　软件界面 Grasshopper 端

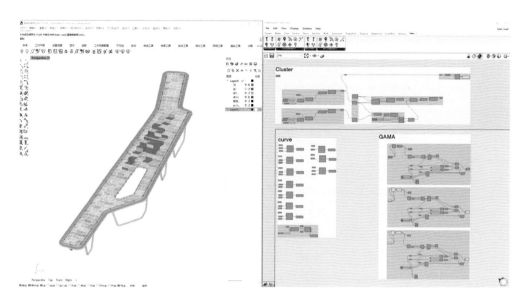

图 8-12　提取结构线

(2) 打开 Grasshopper 中的 GAMA 接口，搭建电池组即可传输结构线、界面、材料等信息(图 8-13)。

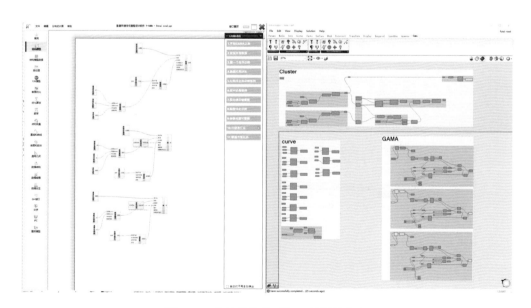

图 8-13　传输结构线、界面、材料等信息

(3) GAMA 可以在 YJK 数智平台同步生成结构模型(图 8-14)。

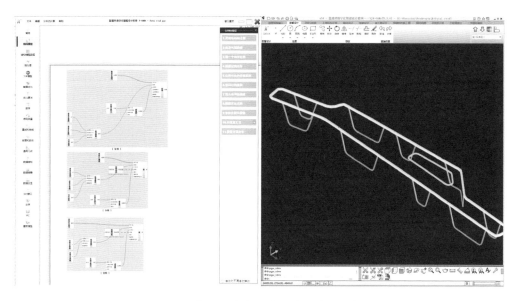

图 8-14　在 YJK 数智平台同步生成结构模型

8.3　Revit 与 Civil 3D

8.3.1　背景

Revit 与 Civil 3D 同属 Autodesk 系列软件，由于 Civil 3D 强大的场地处理能力，在工作上也会经常交互使用，本小节将介绍如何将 Civil 3D 的曲面导入 Revit 中。

8.3.2　交互

（1）打开 Civil 3D，选择曲面，打开编辑曲面样式，把等高线打开，从曲面提取对象中选择提取等高线（图 8-15）。

（2）把提取出来的等高线另存为一个新的文件，导入 Revit 中，在"体量和场地"下选择"地形表面"，再选择导入实例即可（图 8-16）。

最终成果如图 8-17 所示。

图 8-15　提取等高线

图 8-16　选择导入实例

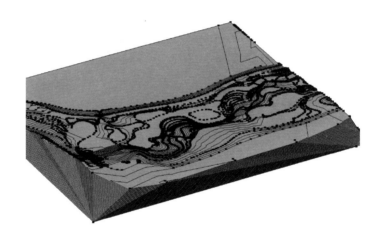

图 8-17　导入 Revit 后成果

8.4　倾斜摄影

ContextCapture 是一款由 Bentley Systems 公司开发的实景建模软件,主要用于从无人机、航空摄影、街景车等多种来源的二维影像资料中创建高精度的三维实景模型(数字地面模型,Digital Terrain Model,DTM;数字表面模型,Digital Surface Model,DSM;三维点云)。这款软件在测绘、地理信息、建筑设计、规划设计、景观设计等领域有广泛的应用。

(1)软件安装完成后,须同时打开黑色及红色图标软件(图 8-18),黑色的为工程编辑软件,红色的为计算引擎。

图 8-18　软件图标

（2）打开黑色图标软件，新建新工程。注意，新工程的工程名称和工程目录需为全英文状态，否则会在计算时出现问题（图 8-19）。

图 8-19　新建新工程

（3）创建完成后，在"影像"中选择"添加影像"（需根据项目需求安排无人机去现场拍摄）（图 8-20）。

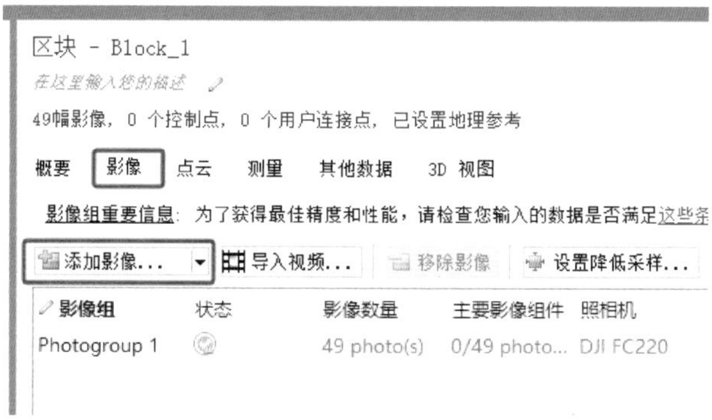

图 8-20　添加影像

（4）添加完成后，在概要区域提交空中三角测量计算（图 8-21），可根据项目需要对设置进行调整（图 8-22、图 8-23）。

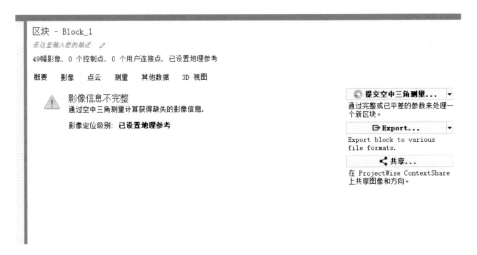

图 8-21　提交空中三角测量计算

图 8-22　定义空中三角测量计算

（5）调整完成后点击提交，软件开始计算。计算完成后，选择新建重建项目，选择三维重建（图 8-24）。

图 8-23　设置空中三角测量计算

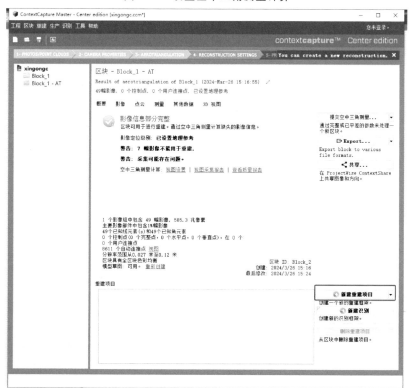

图 8-24　新建重建项目

（6）提交新的生产项目（图 8-25）。

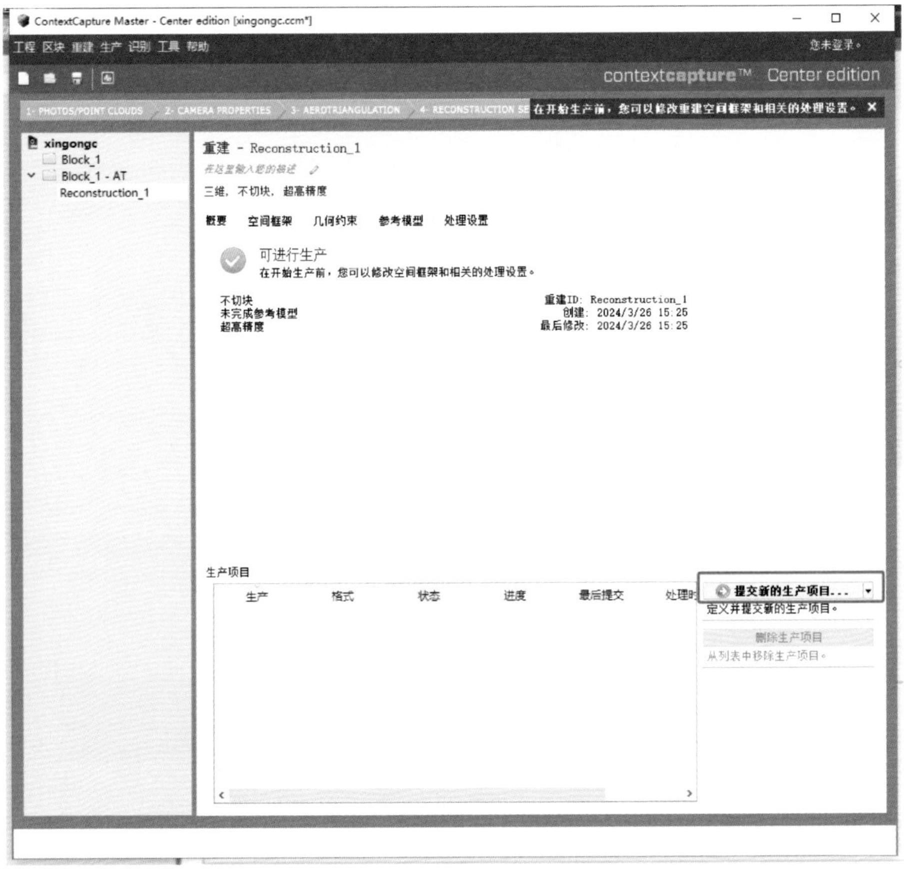

图 8-25 提交新的生产项目

（7）根据需求，调整定义新生产项目的参数（图 8-26、图 8-27）。

名称：根据项目需求修改名称，需为英文名称。

目的：根据项目需求选择目的，一般选择"三维网格"较多，部分也会选择生成"三维点云"。

格式/选项：此部分比较重要的是选择生产项目的输出格式和选项（图 8-28），若要在其他软件中整合整个模型文件或者在渲染软件中整合文件，都需要在此步骤选择相对应的输出格式，后面的纹理贴图等可根据实际项目需求修改。

空间参考系统：根据项目需求修改即可，一般为 China Geodetic Coordinate System 2000（2000 国家大地坐标系）（图 8-29）。

范围：主要调整输出模型的大小，按项目需求调整即可。

目标：选择文件保存路径。

调整完后点击提交，开始模型计算。最终成果如图 8-30 所示。

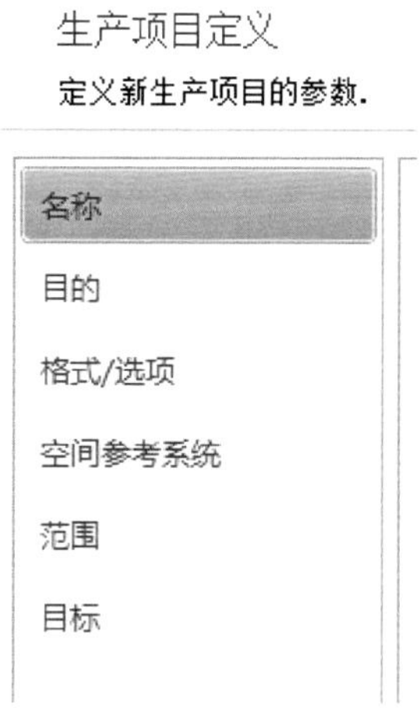

生产项目定义

定义新生产项目的参数.

名称

目的

格式/选项

空间参考系统

范围

目标

图 8-26　调整定义新生产项目的参数

图 8-27　定义生产项目

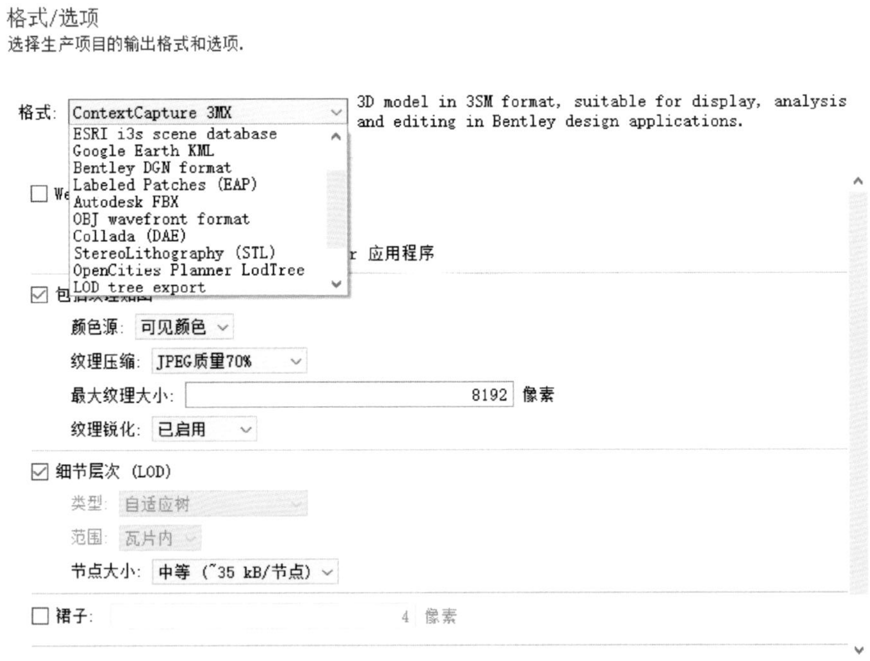

格式/选项
选择生产项目的输出格式和选项.

格式: ContextCapture 3MX   3D model in 3SM format, suitable for display, analysis
      ESRI i3s scene database   and editing in Bentley design applications.
      Google Earth KML
      Bentley DGN format
      Labeled Patches (EAP)
☐ We Autodesk FBX
      OBJ wavefront format
      Collada (DAE)   r 应用程序
      StereoLithography (STL)
      OpenCities Planner LodTree
☑ 包 LOD tree export

颜色源: 可见颜色 ⌄

纹理压缩: JPEG质量70% ⌄

最大纹理大小: [_____8192] 像素

纹理锐化: 已启用 ⌄

☑ 细节层次 (LOD)

类型: 自适应树 ⌄

范围: 瓦片内 ⌄

节点大小: 中等 (~35 kB/节点) ⌄

☐ 裙子: 4 像素

图 8-28　格式选项

空间参考系统
选择目标坐标系.

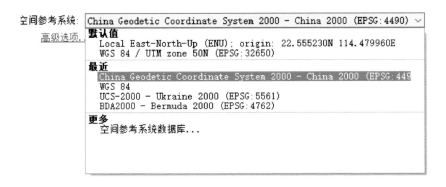

图 8-29　空间参考系统

图 8-30　倾斜摄影成果展示

第9章 LIM全过程应用技术探索

9.1 勘察测绘阶段

基于 LIM 的景观园林设计是基于场地的三维数字化设计过程,其在勘察测绘阶段的场地信息数据采集是后续设计的关键,也是三维可视化设计的基础。传统的勘察测绘方式往往是通过人为测点采集的形式对场地地理数据进行测量和采集,并通过二维 CAD 地形图纸结合纸质地质勘察报告,对场地数据进行交底及展示。而基于 LIM 技术的场地测绘主要是通过无人机倾斜摄影、三维激光扫描、卫星定位结合 GIS、Civil 3D、Revit、InfraWorks 等 BIM 系列软件,对场地数据进行自动化、智能化、全方位的采集,并通过三维数字化软件对场地数据进行三维复原展示。

9.1.1 场地数据智能化采集

在大场地中借助倾斜摄影技术对场地地理数据进行智能化采集,包括地形、地貌、植被和建筑物等。倾斜摄影测量技术是以大范围、高精度、高清晰的方式全面感知复杂场景,通过高效的数据采集设备及专业的数据处理流程生成的数据成果直观反映地物的外观、位置、高度等属性,为真实效果和测绘级精度提供保证。通过倾斜摄影拍摄获取场地影片,导入 ContextCapture 运行计算,再运用 MeshLab 进行模型拼合,最终得到三维场地模型(图 9-1)。

在小场地或局部场地中,可采用三维激光扫描技术对场地地理数据进行智能化采集。三维激光扫描技术通过激光对地物进行扫描,当激光遇到地物遮挡时,反射形成遮挡地物的形体大小及地理位置信息,通过 RealWorks 软件,对三维场地信息模型进行拼接及展示。

图 9-1　倾斜摄影成果图

9.1.2　场地数据可视化三维展示

基于三维可视化 LIM 软件,对二维地形数据(图 9-2)进行三维数字化展示,通过 Civil 3D、Revit 等软件,可实现场地数据三维建模,设计师基于三维可视化数据模型,完成后续景观设计(图 9-3)。

图 9-2　二维图纸

图 9-3　二维图纸构建三维模型成果

9.1.3　场地数据与 CIM 平台的融合

三维 LIM 场地模型结合 GIS 技术,可实现 LIM 与 CIM 的融合,从而达到建设智慧城市、智慧景观的最终目标,让景观设计融入城市整体建设和规划的蓝图中,从城市宏观角度来审视某片区景观设计场地的合理性及经济性,从而达到景融于城的设计理念。同时这也是智慧城市建设不可或缺的一环,LIM 三维场地的建立,是景观 LIM 与 CIM 融合的基础和开端。

9.2　方案设计阶段

传统方案设计往往是设计师凭借既往直观经验,对场地、景观、构筑物进行设计的过程,在这个过程中,对设计经验的依赖性较大,且在设计过程中,成果无法实现实时三维可视化展示,故甲方对设计过程中呈现的效果无法实时把控,造成返工修改问题严重。基于 LIM 的方案设计主要指的是基于 LIM 系列软件对方案进行三维设计,该三维设计不仅包括三维模型的展示,还能基于三维模型进行性能分析模拟,甲方及设计师基于 LIM 模型及分析成果可对景观设计方案进行直观的查看及感知,有助于甲方与设计师对信息进行沟通及反馈,从而大大提高方案设计的效率及质量。

9.2.1　概念设计

基于 LIM 技术高度可视化、协同性和参数化的特性，在概念设计阶段，设计师在实现设计思路上快速精确表达的同时，还可实现与各领域工程师无障碍的信息交流与传递，从而实现设计初期的质量、信息管理的可视化和协同化。在业主的要求或设计思路发生改变时，基于参数化操作可快速实现设计成果的更改，从而大大提高方案阶段的设计进度。

9.2.2　方案比选

在方案设计阶段，应用 LIM 技术进行设计方案比选的主要目的是选出最佳的设计方案，为初步设计阶段提供对应的设计方案模型。基于 LIM 技术的方案设计是利用 LIM 软件，通过制作或局部调整方案的方式，形成多个备选的建筑设计方案模型，进行比选，使景观项目方案的沟通、讨论、决策在可视化的三维场景下进行，实现项目设计方案决策的直观和高效展示。

LIM 系列软件具有强大的建模、渲染和动画技术，通过 LIM 可以将专业、抽象的二维建筑描述通俗化、三维直观化，使得业主等非专业人员对项目功能性的判断更为明确、高效，使他们的决策更为准确。基于 LIM 技术和虚拟现实技术对真实建筑及环境进行模拟，同时可出具高度仿真的效果图，设计师可以完全按照自己的构思去构建虚拟场景，并可以任意变换自己在场景中的位置，去观察设计的效果，直到满意为止（图 9-4、图 9-5）。这样就使各个设计师的设计意图能够更加直观、真实、详尽地展现出来，既能为投资方提供直观的感受，也能为后面的施工提供很好的依据。

9.2.3　性能分析

BIM 应用下的微环境分析是以三维信息模型为根本，综合利用多种外部数据信息对规划方案的微环境进行模拟、分析和评估，并在此基础上对结果进行修正，有效调控方案空间布局。规划微环境分析基本可以概括为建筑体量空间结构所形成的建筑微环境造成的人均舒适度感知，包括日照和采光、空气流动、可视度分析、热工分析、噪声分析等。

BIM 微环境分析是在生态学和规划学的理论指导下，利用 BIM 技术和 GIS 技术作为支撑，综合利用 BIM 模型的可计算化优势，模拟计算规划方案阶段建筑空间的微环境生态指标，通过生态指标专题图、指标评估表、指标规范对照表等成果来评估规划

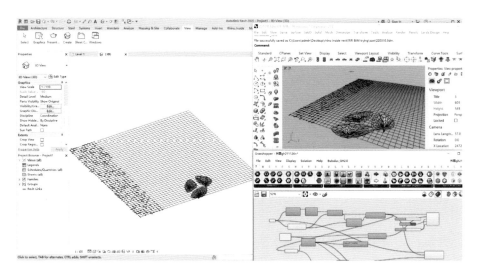

图 9-4　方案阶段过程一

图 9-5　方案阶段过程二

方案对生态的影响，为后续阶段的方案评审、初步设计、施工图设计及辅助决策提供信息化支撑手段。

基于 BIM 模型进行多方面的模拟分析，包括通风、日照等方面的模拟分析（图 9-6～图 9-8）。相应分析报告提交景观设计方进行景观方案调整，对家具小品和休憩空间布置提供指导意见，对植物的耐阴性设计要求、抗风性设计要求等提供指导意见，整体优化景观设计，提升景观的舒适度，提升景观植物设计的合理性。

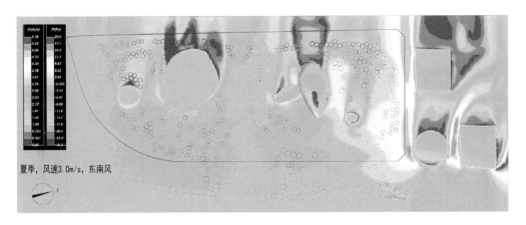

夏季，风速3.0m/s，东南风

图 9-6　风环境分析图

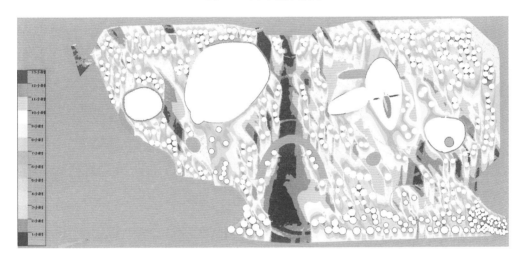

图 9-7　建筑日照分析图

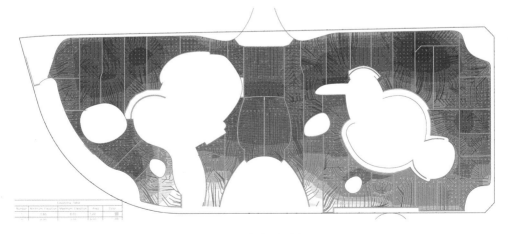

图 9-8　顶板径流分析图

9.3　施工图设计阶段

　　施工图设计是一个多专业参与且不断反馈修改的过程,同时也是连接项目设计与施工的重要阶段。因为涉及多专业的参与,施工图设计过程中的协同和碰撞一直是一个有待解决的头疼问题。在传统设计过程中,一般各专业各自开展工作,到达项目节点后,提资给其他相应专业设计人员,其他专业设计人员在提资图纸上核对内容是否合理,并反馈意见,整个过程不仅耗时,而且对工程师的沟通能力具有较高要求。而基于 LIM 技术的施工图设计,通过协同设计方式可实现各专业的实时共同设计,并发现三维碰撞问题。完成设计后可直接导出生成二维施工图,同时也可出具三维渲染图纸。

9.3.1　协同设计与碰撞检查

　　LIM 为工程设计的专业协调提供了两种途径:一种是在设计过程中通过有效、适时的专业间协同工作,避免产生大量的专业冲突问题,即协同设计;另一种是通过对三维模型的冲突进行检查,查找并修改冲突,即冲突检查(图 9-9～图 9-11)。

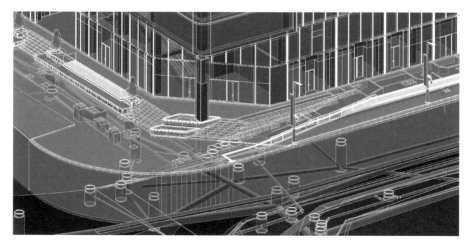

图 9-9　碰撞分析一

　　传统意义上的协同设计很大程度上是指基于网络的一种设计沟通交流手段,以及设计流程的组织管理形式。包括通过 CAD 文件、视频会议、建立网络资源库、网络管理软件等进行协同设计。基于 LIM 技术的协同设计是指建立统一的设计标准,包括

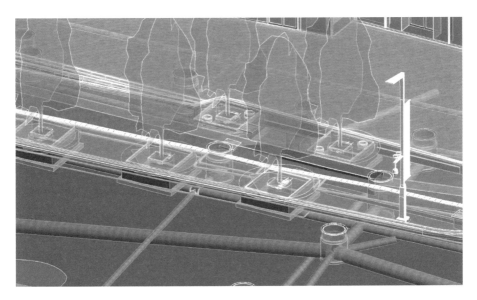

图 9-10　碰撞分析二

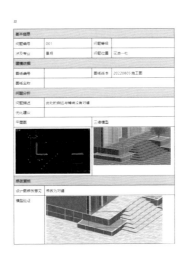

图 9-11　碰撞分析三

图层、颜色、线型、打印样式等,在此基础上,所有设计专业及人员在一个统一的平台上进行设计,从而减少现行各专业之间(以及专业内部)由于沟通不畅或沟通不及时导致的错、漏、碰、缺,真正实现所有图纸信息元的单一性,实现一处修改其他相关内容自动修改,提升设计效率和设计质量。协同设计工作是以一种协作的方式,不但可以降低成本,还可以在更快地完成设计的同时,对设计项目的规范化管理起到重要作用。

二维图纸不能用于空间表达,使得图纸中存在许多意想不到的碰撞盲区。而且目前的设计方式多为"隔断式"设计,各专业分工作业,依赖人工协调项目内容和分段,这也导致设计往往存在专业间碰撞的问题。同时,在机电设备和管道线路的安装方面还存在软碰撞的问题(即实际设备、管线间不存在实际的碰撞,但在安装方面会造成安装人员、机具不能到达安装位置的问题)。基于 LIM 技术可将两个不同专业的模型集成为一个模型,通过软件提供的空间冲突检查功能查找两个专业构件之间的空间冲突可疑点,软件可以在发现可疑点时向操作者报警,经人工确认该冲突。冲突检查一般从初步设计后期开始进行,随着设计的进展,反复进行"冲突检查—确认修改—更新模型"的 LIM 设计过程,直到所有冲突都被检查出来并修正,最后一次检查所发现的冲突数为零,即标志着设计已达到 100% 的协调。

9.3.2 生成施工图

设计成果中最重要的表现形式就是施工图,施工图是含有大量技术标注的图纸,在工程项目的施工方法仍然以人工操作为主的技术条件下,施工图有其不可替代的作用。模型是完整描述建筑空间与构件的表达方式,图纸可以看作模型在某一视角上的平行投影视图。基于模型自动生成图纸是一种理想的图纸产出方法,理论上,基于唯一的模型数据源,任何对工程设计的实质性修改都将反映在模型中,软件可以依据模型的修改信息自动更新所有与该修改相关的图纸,由模型到图纸的自动更新将为设计人员节省大量的图纸修改时间(图 9-12、图 9-13)。

图 9-12 三维模型

9.3.3 出具三维渲染图

三维渲染图同施工图纸一样,都是设计阶段重要的展示成果,既可以向业主展示

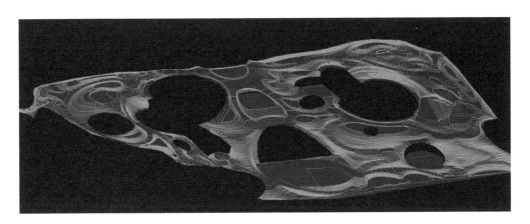

图 9-13　三维模型转二维模型成果

景观设计的仿真效果，也可以供团队交流、讨论使用，同时三维渲染图也是设计阶段需要交付的重要成果之一（图 9-14～图 9-16）。Revit Architecture 自带的渲染引擎可以生成景观模型各角度的渲染图，该软件同时具有 3ds MAX 的软件接口，支持导出三维模型。Revit Architecture 软件的渲染步骤与目前设计师常用的渲染软件大致相同，分别为创建三维视图、设置配景、设置材质的渲染外观、设置照明条件、设置渲染参数、渲染并保存图像。最终 VR 展示成果可扫描下方二维码查看。

图 9-14　三维模型渲染出图成果一

图 9-15　三维模型渲染出图成果二

图 9-16　三维模型渲染出图成果三

VR 展示成果

9.4　成本测算阶段

在传统的成本测算阶段，往往是根据设计师出具的二维设计成果，利用成本测算软件对设计图纸进行建模测算，在这个过程中存在一个重新建模的步骤，对人力的投入成本较大。而基于 LIM 技术的成本测算，主要是指在设计过程中或设计完成时，设计师可直接基于设计过程中的景观 LIM 模型出具工程量统计数据，避免了传统方式中的重新建模工作，减少了测算时间及人力成本。同时在后期若设计发生变更，工程量可实时更新修正，从而形成实时成本数据信息。

9.4.1　测算土方工程量

基于 Revit、Civil 3D、Rhino 等软件可实现对场地土方量的测算，其测算方式可主要分为两种。第一种方式是首先基于 LIM 软件，根据场地原始地貌二维等高线等数据进行三维建模，然后同样利用 LIM 软件对设计地形进行建模，在 LIM 软件中，将原始地形及设计地形进行扣减比对分析，得到相应的填方量及挖方量。第二种方式是原始地貌直接由倾斜摄影或三维激光扫描而来，然后同样利用 LIM 软件对设计地形进行建模，在 LIM 软件中，将原始地形及设计地形进行扣减比对分析，得到相应的填方量及挖方量（图 9-17）。

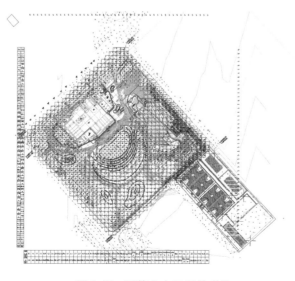

图 9-17　测算土方工程量成果

9.4.2 测算铺装装饰面材料

LIM 模型也能自动计算出装饰部分的工程量。LIM 有多种饰面构造和材料设置方法,可通过涂刷方式,或在楼板和墙体等系统族的核心层上直接添加饰面构造层,还可以单独建立饰面构造层(图 9-18~图 9-22)。

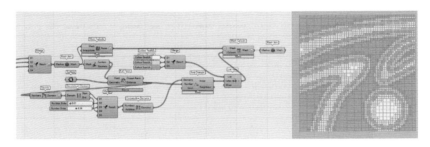

图 9-18 铺装精细化设计一

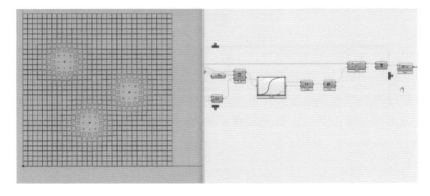

图 9-19 铺装精细化设计二

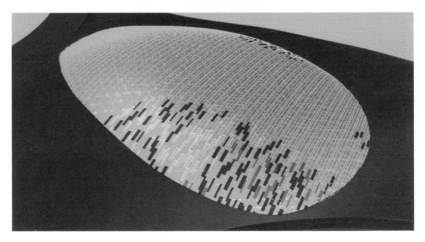

图 9-20 铺装饰面材料测算一

图 9-21 铺装饰面材料测算二

弧形定制石材				直线石材				
1	宽度	弧长	拱高	类型	1	宽度	长度	类型	数量
2	AH96	⌒421	H3	AHX1	2	A96	L200	AX1	183
3	AH96	⌒395	H4	AHX2	3	A96	L196	AX2	155
4	AH96	⌒404	H5	AHX3	4	A96	L197	AX3	143
5	AH96	⌒426	H3	AHX4	5	A96	L398	AX4	66
6	AH96	⌒419	H5	AHX5	6	A96	L395	AX5	54
7	AH96	⌒413	H4	AHX6	7	A96	L394	AX6	49
8	AH96	⌒428	H6	AHX7	8	A96	L195	AX7	48
9	AH96	⌒429	H5	AHX8	9	A96	L396	AX8	47
10	AH96	⌒419	H4	AHX9	10	A96	L194	AX9	46
11	AH96	⌒437	H6	AHX10	11	A96	L393	AX10	38
12	AH96	⌒423	H4	AHX11	12	A96	L392	AX11	38
13	AH96	⌒390	H4	AHX12	13	A96	L390	AX12	34
14	AH96	⌒385	H4	AHX13	14	A96	L391	AX13	31
15	AH96	⌒392	H5	AHX14	15	A96	L192	AX14	28
16	AH96	⌒392	H3	AHX15	16	A96	L388	AX15	26
17	AH96	⌒394	H4	AHX16	17	A96	L193	AX16	25
18	AH96	⌒391	H4	AHX17	18	A96	L387	AX17	25
19	AH96	⌒397	H5	AHX18	19	A96	L389	AX18	24
20	AH96	⌒396	H3	AHX19	20	A96	L409	AX19	24
21	AH96	⌒397	H4	AHX20	21	A96	L202	AX20	21
22	AH96	⌒397	H4	AHX21	22	A96	L386	AX21	20
23	AH96	⌒401	H3	AHX22	23	A96	L408	AX22	19
24	AH96	⌒403	H4	AHX23	24	A96	L198	AX23	16
25	AH96	⌒401	H3	AHX24	25	A96	L382	AX24	15

图 9-22 铺装饰面材料测算三

9.4.3 统计植物数量

基于 Revit 软件可实现对植物数量的统计，如设计师在三维模型中布置好乔木植物之后,通过 Revit 内部的明细表统计功能,实现对植物数量、名称、高度、土球直径等信息的统计,根据这些统计信息计算出相应的成本。

9.4.4 统计结构与装饰构件

LIM 软件能够精确计算混凝土梁、板、柱和墙的工程量且与国内工程计量规范基本一致。对单个混凝土构件,LIM 能直接根据表单得出相应工程量。但对混凝土板和墙进行算量时,其预留孔洞所占体积均被扣除。使用 LIM 软件内修改工具中的连接命令,根据构件类型修正构件位置并通过连接优先顺序扣减实体交接处的重复工程量,优先保留主构件的工程量,将次构件的统计参数修正为扣减后的精确数据,避免结构工程量统计的虚增或减少。

9.5 施工建造阶段

施工建造阶段是整个项目实施的关键阶段,其实施质量、成本、进度影响着整个项目的落地效益和效果。传统施工方式较为粗放,容易造成窝工、返工、赶工的问题,且在成本控制方面欠缺精细化的管理,从而产生不必要的浪费。另外,粗放的管理方式对于施工质量的管控较为欠缺,项目实施效果缺乏保障。而基于 LIM 技术,可通过三维可视化软件对施工场地进行提前预布置、对施工关键工艺进行模拟展示,以及基于四维模拟软件对施工进度进行模拟及管控,从而有效解决项目施工过程中的质量、进度及成本问题。

9.5.1 布置施工场地

为合理使用施工现场,施工场地的平面布置应有条理,尽量减少占用施工用地,使平面布置紧凑合理,同时做到场容整齐清洁、道路畅通,符合防火安全及文明施工的要求(图 9-23)。在施工过程中,应避免多个工种在同一场地、同一区域进行施工,避免发生相互牵制、相互干扰的问题。基于建立的 LIM 三维模型及搭建的各种临时设施,可以对施工场地进行布置,合理安排塔吊、库房、加工场地和生活区等的位置,解决现场施工场地平面布置问题、现场场地划分问题。可通过与业主进行可视化沟通协调,对施工场地进行优化,选择最优施工路线。

图 **9-23**　布置施工场地成果

9.5.2　模拟施工进度

在当前建筑工程项目管理中经常用于表示进度计划的甘特图,由于专业性强、可视化程度低,无法清晰描述施工进度及各种复杂关系,难以准确表达工程施工的动态变化过程。通过将 LIM 与施工进度计划相连接,将空间信息与时间信息整合在一个可视的四维(三维+时间)模型中,不仅可以直观、精确地反映整个建筑的施工过程,还能够实时追踪当前的进度状态,分析影响进度的因素,协调各专业,制定应对措施,以缩短工期、降低成本、提高质量(图 9-24)。

目前常用的四维 LIM 施工管理系统或施工进度模拟软件很多。利用此类管理系统或软件进行施工进度模拟大致分为以下步骤:①将 LIM 模型赋予材质;②制订项目进度计划;③将项目进度计划文件与 LIM 模型连接;④制定构件运动路径,并与时间连接;⑤设置动画视点并输出施工模拟动画。

通过模拟四维施工进度,能够完成以下内容:①基于 LIM 施工组织,对工程重点和难点的部位进行分析,制定切实可行的对策;②依据模型确定施工方案,排定计划,划分流水段;③在利用 LIM 编制施工进度时,用季度卡来编制计划;④将周和月计划结合在一起编制,假设后期需要任何时间段的计划,只需在这个计划中过滤一下即可自动生成;⑤做到对现场的施工进度进行每日管理。

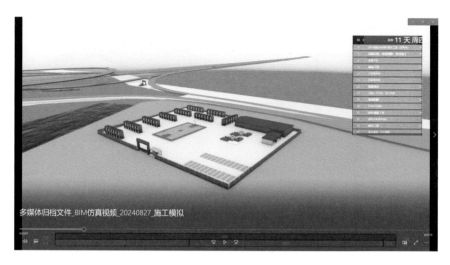

图 9-24　模拟施工进度成果

9.5.3　展示施工工艺

对于工程施工的关键部位,如幕墙节点部位安装相对比较复杂,因此合理的安装方案非常重要,正确的安装方法能够省时、省费,传统的安装方法只有在工程实施时才能得到验证,这就造成了可能存在二次返工的问题。同时,传统的安装方法是施工人员在完全领会设计意图之后,再传给建筑工人,相对专业性的术语及步骤对于工人来说难以完全领会。基于 LIM 技术,能够提前对重要部位的安装方法进行动态展示,提供施工方案讨论和技术交流的虚拟现实信息(图 9-25~图 9-28)。

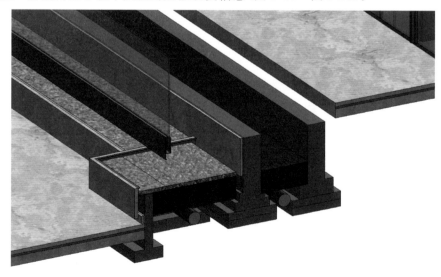

图 9-25　施工工艺展示一

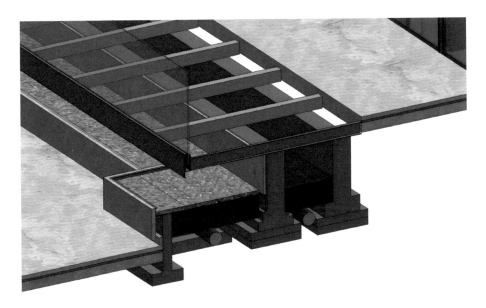

图 9-26　施工工艺展示二

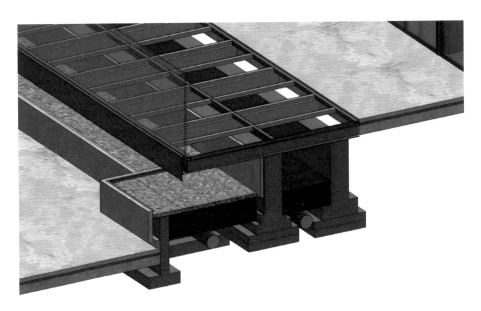

图 9-27　施工工艺展示三

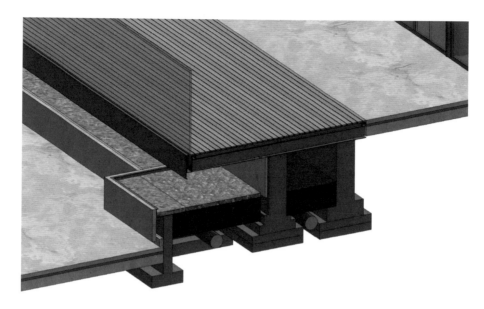

图 9-28　施工工艺展示四

9.6　竣工交付阶段

竣工交付阶段是项目在施工完成后,将图纸、模型、建造实物交付给投资方的过程。传统交付主要是以二维蓝图、CAD 电子图、实物为主要途径的交付方式,而现如今在数字化的推广热潮下,交付方式也因时而变,在传统的交付方式下辅以资产的数字化交付。数字化交付主要指的是基于 LIM 技术,对设计成果及施工成果进行数字化资产交付,交付的内容不限于图纸、图片、模型、视频、PDF 文件等内容,可为后期智慧运维提供数字化资产基础。

9.6.1　图模一致性检查

为保障交付模型的准确性及完整性,在竣工交付前需对模型与图纸的一致性进行检查,检查是否存在模型错建、漏建等问题。图模一致性检查主要有两种方式:其一是基于人工的方式,设计师根据设计图内容核对模型的内容及深度,此过程需要投入较多人力,工作量较大;其二是基于软件的自动图模一致性核对,即将模型及图纸导入相应软件中,制定共同的定位点,然后软件可基于 CAD 图层的识别,将 CAD 图纸内容与模型内容进行关联,从而自动检测模型是否与图纸内容保持一致,此方法对图纸及模型的规范性要求较高,但可以大大提高检查效率。

9.6.2 模型信息数据关联

在通过图模一致性检查之后,需对模型进行信息数据关联,关联的信息主要包括模型构件属性、模型对应图纸、数据表格等内容。模型与信息的关联主要可分为两种方式:一种方式是在模型完成后,基于构件对属性参数进行人为手动添加,如名称、时间阶段、供应商、构件 ID 等;另一种方式是通过构件 ID 实现模型与图纸及表格关联,可以以构件为单位进行关联,也可以以层数为单位进行关联。

9.7 运营维护管理阶段

9.7.1 资产管理

资产管理的重要性在于可以实时监控、实时查询和实时定位,然而现在的传统做法很难实现,资产很难从空间上进行定位。LIM 技术和物联网技术的结合完美地解决了这一问题。基于 LIM 的物联网管理实现了在三维可视化条件下掌握和了解景观园林及园林中相关人员、设备、结构、资产、关键部位等信息,尤其对于可视化的资产管理具有减少成本、提高管理精度、避免损失和资产流失的重大价值意义。信息技术的发展使基于 LIM 的物联网资产管理系统可以通过在射频识别(radio frequency identification,RFID)的资产标签芯片中注入用户需要的详细参数信息和定期提醒设置,同时结合三维虚拟实体的 LIM 技术使资产在智慧园林中的定位和相关参数信息一目了然,可以精确定位、快速查阅。

9.7.2 管养维护

维护管理主要指的是对设备的维护管理。通过将 LIM 技术运用到设备管理系统中,使系统包含设备所有的基本信息,也可以实现以三维动态的形式观察设备的实时状态,从而使设施管理人员了解设备的使用状况,也可以根据设备的状态提前预测设备将要发生的故障,从而在设备发生故障前就对设备进行维护,降低维护费用。将

LIM 技术运用到设备管理中,可以查询设备信息、运行和控制设备、自助进行设备报修,也可以进行设备的计划性维护等工作。

9.7.3　CIM 智慧城市管理

　　LIM、BIM 及 CIM 的融合能够实现智慧城市综合管理,LIM 提供室外景观园林的三维数字化模型,BIM 提供室内建筑物的三维数字化模型,结合 GIS 场地及物联网技术,构建一个地上与地下、二维与三维、室内与室外一体化的可视化城市数据底板,同时全面汇聚、融合城市多维度、多尺度数据及城市感知数据,打造城市整体可视化、可持续发展的数字底座与数据中台,为各类智慧化应用提供基础数据与功能支撑。CIM 基础平台以 LIM 模型和 BIM 模型为细胞,具备数据汇聚、查询展示、数据共享、分析模拟、运行服务、系统对接等能力,能够有效支撑城市数字化建设,赋能城市高效治理,包括政务服务、智慧医疗、环境保护、智能建筑、智慧社区、智慧交通、城市体检、城市安全、城市管网、智慧水务、应急管理等。采用数字化、LIM、BIM、三维可视化等技术手段,构造数字孪生城市,通过物联网技术实现对现实世界中城市的全方位感知,基于三维模型实现对城市的虚拟再现,再结合多源异构数据的融合技术,实现对城市数据与虚拟模型的附着,从而形成用于统筹管理城市的数字化、可视化的三维智慧底座。

参 考 文 献

[1] 郭湧. 论风景园林信息模型的概念内涵和技术应用体系[J]. 中国园林,2020,36 (9):17-22.

[2] 李晓霞. BIM 技术在建筑结构设计中的应用[J]. 建材发展导向(下),2022,20 (8):39-41.

[3] 吴获. 论 BIM 技术及其在工程成本控制中的应用[J]. 现代装饰(理论),2012 (5):175,177.

[4] 王昭仙,王健,高连柱,等. 基于 BIM 技术在建筑节能设计中的应用研究[J]. 安徽建筑,2016,23(5):37-41.

[5] 陈杰勇. CFD 模拟优化商业公建项目室外风环境[J]. 绿色建筑,2016(4):47-49.

[6] 张春影,高平,汪茵,等. 施工图设计阶段 BIM 模型的工程算量问题研究[J]. 建筑经济,2015,36(8):52-56.

[7] 宋勇刚. BIM 在项目设计阶段的应用研究[D]. 辽宁:大连理工大学,2014.

[8] 王代兵,佟曾. BIM 在商业地产项目运维管理中的应用研究[J]. 住宅科技,2014,34(3):58-60.

[9] 黄强. 中国 BIM 发展战略[J]. 建筑,2016(5):14-21.

[10] 王智佳,苑东亮,薛苗苗. 浅析我国在施工阶段 BIM 应用中的存在问题及对策[J]. 价值工程,2014(32):150-152.

[11] 梁定河. 谈 BIM 未来发展的方向[J]. 山西建筑,2015(16):12-13.

后　记

随着本书的完稿,笔者深感风景园林数字化设计实践与探索之路的广阔与深远。在本书的编写过程中,笔者深入研究了风景园林信息模型(LIM)的核心技术、设计理念及在实际项目中的应用,力求为读者呈现一个全面、实用且前沿的知识体系。

回顾风景园林行业的发展历程,从传统的手绘设计到如今的数字化建模,每一次技术的革新都极大地推动了行业的进步。LIM 技术的出现,不仅改变了设计师的工作方式,更提升了整个风景园林项目的规划、设计、施工和运维效率。它使设计师能够更科学、精准地表达设计理念,同时实现项目全生命周期的信息集成与管理。在本书的编写过程中,笔者深刻感受到了 LIM 技术的潜力和价值。通过参数化建模、三维可视化、数据分析和模拟等手段,LIM 技术为风景园林项目带来了前所未有的优化空间。无论是成本预算的精确控制,还是工程量估算的高效管理,LIM 技术都展现了独特的优势。

在项目实践中,笔者遭遇了诸多挑战,若仅凭传统方法应对,不仅会陷入难以解决的困境,甚至可能导致项目无法顺利完成,因此,笔者项目团队决定研究 LIM 技术并将其应用于实际项目中。

在与 MAD 建筑事务所、Sasaki 事务所共同完成的深圳湾文化广场景观设计中,笔者项目团队需要对复杂地形地貌进行地表径流分析模拟,以确保景观设计的合理性和可行性。此外,项目中的斜面屋顶与多变地形增加了覆土厚度的计算难度,参数化植物种植及工程量辅助设计同样构成了项目不可或缺的一环。为克服这些难题,笔者项目团队采用了 LIM 技术进行数据分析与模拟。借助精确的算法与模型,不仅成功达成了设计目标,还为施工团队提供了详尽的工程量清单、直观的三维图纸及施工动画模拟,有力保障了项目的顺利进行。

在深中通道(前海段)项目设计的初始阶段,笔者项目团队遭遇了数据采集与模型构建的设计挑战,这主要源于场地的复杂性。为了有效应对这些难题,项目团队采取了多种技术手段。首先通过进行排水分析和土方计算,高效地获取了所需的场地数据。随后,充分利用 Revit、Civil 3D 等 BIM 软件的优势,进行了三维建模和深入的场地分析。在这一过程中,项目团队不断迭代和优化模型,最终成功创建了高精度的景观场地模型,并进行了详尽的施工模拟。这些成果为后续的施工建造工作提供了强有力的支持,确保了项目的顺利进行。

在深圳市罗湖万象城的项目实践中,项目团队深切感受到了数字化设计对于提升施工效率与质量的巨大推动作用。这一优势在管线碰撞检查的综合运用及应对复杂变坡条件的精细化铺装设计中体现得尤为突出。得益于 LIM 技术的运用,项目团队能够及时、准确地识别并解决管线间的碰撞问题,有效规避了施工过程中的潜在冲突与资源浪费。更进一步,项目团队引入了轻量化模型进行交底工作,并对施工工序进行了详尽的模拟展示。这一举措不仅使项目团队能够以更直观的方式呈现设计成果,还极大地帮助施工人员深入理解了设计意图,从而在施工阶段实现了质量与效率的双重提升。

在深圳市东部海堤重建工程(三期)项目中,笔者项目团队在多个关键领域取得了显著突破,特别是在构筑物单体与建筑、结构、室内精装、机电的碰撞检查展示上。得益于 LIM 技术的碰撞检查功能,项目团队能够迅速识别并有效处理建构筑物间的潜在冲突,从而确保了项目的顺利进行。此外,项目团队还结合参数化设计,对 3000 多块仿石块的施工工艺与景观效果进行了联动模拟。为了高效获取场地数据,项目团队在该项目中采用了无人机倾斜摄影和三维激光扫描技术,并据此进行了三维建模和细致的场地分析,为项目的设计提供了强大的技术支持。

深圳市深汕特别合作区中心公园项目进一步加强了笔者项目团队对复杂地形地貌处理及土方量计算的认知。在该项目中,项目团队运用 LIM 技术,实现了山体边坡设计与效果的同步模拟;通过运用 LIM 模型算法,并结合地质模型,项目团队对土石方量进行了统计;通过 Civil 3D 与参数化完成了山体地表径流分析与雨洪安全管理。最终项目团队完成了结合地质条件的土方量计算、山地道路选线、道路景观视线模拟、山体地表径流分析与雨洪管理等多项技术挑战。

在深圳市南山区后海片区中心河和三亚海棠河项目中,笔者项目团队在植物、构筑物、日照环境模拟,以及栈桥、精细化竖向地形设计等方面取得了显著成果。通过 LIM 技术,结合植物可视化设计、构筑物可视化和精细化竖向地形设计赢得了客户的高度赞誉。

在深圳市核龙线大鹏段建设项目中,单体构筑物的正向设计是整个景观设计的核心环节。笔者项目团队充分利用数字化设计软件,如 Revit 等 BIM 工具,对单体构筑物进行了精确的三维建模。通过参数化设计,项目团队能够快速调整构筑物的尺寸、形状和材料,以满足设计需求。

从单体设计的初步探索到参数化研究的深入,再到整体项目设计的综合应用,直至最终施工实践,这些项目的成功实施不仅有力证明了 LIM 技术在风景园林数字化设计中的可行性和高效性,同时也使笔者项目团队积累了宝贵的实践经验并得到了深刻启示。展望未来,随着数字技术的持续革新与发展,LIM 技术有望在更多领域内得到推广与应用,为风景园林行业的蓬勃发展注入新的活力与强大动力。

笔者由衷地感谢业主方在项目推进过程中为我们提供的宝贵建议,感谢行业专家的精心指导和合作单位的鼎力协助。同时,笔者也向所有为本书编纂工作伸出援手、给予支持的同仁致以深深的谢意。正是有了你们无私的奉献与坚持不懈的努力,本书才得以顺利完稿。期望本书能够成为风景园林设计师、学生及行业内其他人士的重要工具书,为推动风景园林数字化设计的进步贡献绵薄之力。